Hans Joachim Graefen

DER RAUMENERGIE-ANTRIEB

Der Weg zum echten
UFO

Hans Joachim Graefen

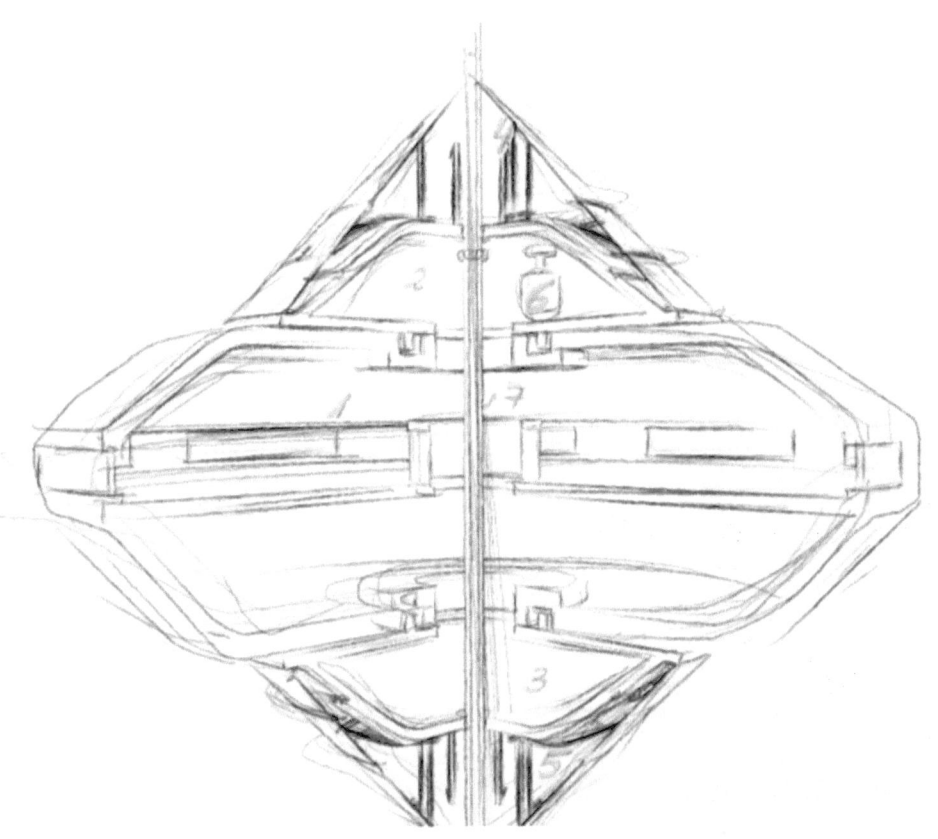

DER RAUMENERGIE-ANTRIEB
Der Weg zum echten
UFO

© Copyright 2013 by
Hans Joachim Graefen

Dieses Werk ist urheberrechtlich geschützt.
Nachdruck, Vervielfältigung oder Reproduktion auf andere Art und Weise sowie Übersetzung
– auch auszugsweise – sind nur mit vorheriger schriftlicher Genehmigung des Herausgebers
gestattet.
Im Übrigen sind alle Rechte vorbehalten.

Herstellung und Verlag: BoD - Books on Demand, Norderstedt
ISBN: 978-3-7322-3898-9

Bibliografische Information der Deutschen Nationalbibliothek
Die Deutsche Nationalbibliothek verzeichnet diese Publikation in der Deutschen
Nationalbibliografie; detaillierte bibliografische Daten sind im Internet über
http://dnb.d-nb.de abrufbar.

Für Robert

Inhalt

Vorwort 7
Robert 8
Die Wette 37
Raumenergie oder Magnetenergie 41
Ein Mann namens Coler 43
Johnson 55
Wettlauf um verlorenes Wissen 59
Goldtafeln 66
Verschwunden 80
Funktionsmodell eines Raumschiffs mit Raumenergieantrieb 91

Vorwort

Zugegeben, die Geschichte, die ich hier erzähle, klingt vollkommen abgedreht und unwahrscheinlich. So etwas ist mit Sicherheit nie passiert...werden Sie wahrscheinlich sagen.

Und dennoch ist sie keine Erfindung.

Robert gab es wirklich, seine verrückten Ideen gab es wirklich und die, im zweiten Teil des Buches befindlichen Texte, Bilder und Zeichnungen stammen von ihm.

Allerdings muss ich zugeben, dass ich nicht mehr jedes Detail von unserem kurzen Zusammentreffen im Kopf hatte als ich dieses Buch schrieb und daher einen Teil der Spinnweben, die die Geschichte zusammen halten, ziemlich frei wiedergegeben habe.

Natürlich habe ich nicht all unsere Dialoge aufgezeichnet, so dass ich sie wortwörtlich hätte wiedergeben können. Andererseits missfiel mir ein Buch, das völlig ohne Dialoge auskommen sollte – zumal sich Robert und ich an den beiden kurzen Tagen wirklich viel zu erzählen hatten.

Einige, eher belanglose Details habe ich weggelassen weil sie erstens niemanden angehen und zweitens niemanden interessieren. Ich habe eh schon das subjektive Empfinden, zu viel meiner Privatsphäre und die meiner Familie preisgegeben zu haben.

Wer glaubt, das alles sei eine bloße Erfindung, der kann das meinetwegen glauben. Ich kann schwerlich das Gegenteil beweisen. Alle Beweise, die ich in den Händen halte habe ich in diesem Buch veröffentlicht.

Urteilen Sie nun selber, ob hier ein echtes Geheimnis um einen revolutionären Raumschiffantrieb gelüftet wird oder ob Robert wirklich nur der angedrehte Spinner war für den ihn so viele Menschen gehalten haben und noch heute halten.

Robert

Als Kind habe ich immer davon geträumt, eines schönen Tages ein richtiges Raumschiff zu bauen und damit den Weltraum zu erobern. Wie Kapitän Kirk wollte ich fremde Planeten erkunden und andere Völker kennen lernen.

Zusammen mit meinen Freunden baute ich UFOs aus alten Pappkartons, Sperrholz, Styropor, Schaumgummi und Unmengen an Papiermaché. Wir stellten uns vor wie es wohl sein würde wenn man einfach so abheben und die Erde hinter sich lassen könnte. Viele prophezeiten uns damals, dass wir sicherlich irgendwann einmal zur NASA gehen würden doch wenn ich ehrlich bin, war erschien uns die NASA damals als langweilig. Was sie Weltraum nannte war nicht mehr als ein kleiner Hüpfer im Vergleich zu dem was wir uns erträumten. Wir wollten keine lauten, stinkenden und rauchenden Raketen mit denen man vielleicht gerade einmal mit Mühe den Mond erreichen konnte – wir wollten ein echtes Raumschiff bauen, das durch die gesamte Galaxie und noch viel weiter fliegen konnte.

Viele Jahre später verschwendete ich keinen Gedanken mehr an diesen Traum. Meine Freunde aus Schulzeiten hatte ich längst aus den Augen verloren und mich anderen Dingen zugewandt. Ausbildung und Beruf, dann Ehe und Familie nahmen jetzt einen zentralen Raum in meinem Leben ein; für spinnerte Phantasien schien da kein Platz mehr zu sein.

Doch dann änderte sich mein Leben abermals und zwar so schnell und so drastisch, dass ich es zuerst gar nicht wahrhaben wollte. Einer meiner alten Freunde, Robert, trat wieder in mein Leben zurück; einer jener Freunde mit denen ich Jahrzehnte zuvor Raumschiffe aus Pappe gebaut und – als wir dann älter wurden – über Theorien von Antriebskonzepten diskutiert hatte. Anders als ich war er diesem Hobby treu geblieben. Nun trat, nein sprang er geradezu in meine schöne Ordnung aus Job, Familie und Hobbys, aus Hausfinanzierung und All Inklusive Urlaub und krempelte nicht nur mein eigenes Leben um sondern auch das meiner Frau und meiner Kinder.

Noch bevor er persönlich in der Tür stand hatte er mir am Telefon von einem »Riesendingens« erzählt. So hatte er früher schon immer Dinge bezeichnet, die er als so gewaltig empfand, dass er sie kaum ermessen konnte. Zwar hatte ich versucht, bereits am Telefon mehr über sein »Riesendingens« herauszubekommen aber er tat ganz verschwörerisch und machte nur vage Andeutungen. »Wir hätten nie damit aufhören sollen«, war eine davon und obwohl das scheinbar komplett ohne Zusammenhang kam, war mir klar was er mit »damit« meinte, nämlich unsere Forschung nach einem Raumschiffantrieb, die besonders für Robert später doch schon zu einem recht ernsthaften Bestreben wurde in das er sogar Lehrer einband und lange Aufsätze verfasste. Natürlich hatte ihn niemand wirklich erst genommen wenn er behauptete, dass es sicherlich eine Lösung geben würde und er sie eines Tages auch finden würde. Alle hatten ihm zwar bescheinigt, dass er sicherlich zweifellos recht habe, doch dass diese Lösung dann garantiert von der NASA oder einem hochspezialisierten Physiker käme, nicht jedoch von ihm, Robert Schreiber, der in Mathematik bestenfalls auf eine Vier kam und für den Physik nur dann interessant war wenn es um konkrete Versuche ging. Zudem wussten alle, dass Robert nach der Schule eine Ausbildung im Betrieb seines Vaters machen würde und zwar zum Maschinenschlosser und keinesfalls zum Quantenphysiker. Das schien sein vorbestimmter Weg zu sein, wie es meiner gewesen ist, ebenfalls eine handwerkliche Ausbildung zu absolvieren, diese nach der Lehre zu verfluchen und ein unterbezahlter Journalist zu werden, der den ganzen Tag damit verbrachte, den urigsten und ulkigsten Geschichten nachzujagen, Themen zu recherchieren und dann darüber einen mehr oder weniger interessanten Text zu verfassen, den andere im Radio verlasen oder in Zeitungen abdruckten.

Als ich bemerkte, dass ich am Telefon nichts aus Robert herausbekommen würde und gleichzeitig eh froh war, einen meiner besten Freunde aus der Schulzeit einmal wieder zu treffen, lud ich ihn kurzerhand über das Wochenende zu uns nach Hause ein. Robert war mit seinen Eltern ans andere Ende Deutschlands gezogen als sein Vater dort ein neues Werk aus dem Boden gestampft hatte. Robert war sogar Werksleiter geworden (das sagte er mir zumindest als ich ihn wieder traf) und dort geblieben als der Rest seiner Familie wieder nach Nordrhein Westfalen zurückkehrte. Später hatte die Familie das Werk wieder verkauft und auch Robert war wieder ein echter Düsseldorfer geworden.

Ich hingegen war meiner Heimatstadt immer treu geblieben.

Mürrisch räumte ich das Gästezimmer leer. Es diente meiner Frau gewöhnlich als Atelier, was eine freundliche Umschreibung für Rumpelkammer war. Da wir keine besonders ordentliche Familie waren (als ich meine Frau kennenlernte und sie zum ersten Mal in ihrer Wohnung besuchte, hätte ich beinahe einen Bulldozer gebraucht um überhaupt durch die Wohnungstür zu gelangen während ich es mir zur Gewohnheit gemacht hatte, alles in möglichst blickdicht verschließbaren Schränken verschwinden zu lassen, die man nach gewisser Zeit allerdings ja nicht mehr öffnen durfte...wie hätten da unsere Kinder ordentlicher werden können?) und uns stets darum stritten, wer was wegräumen sollte und wohin, war ich nun sauer, dass meine Frau angesichts meiner zeitlichen Notlage triumphierend daneben stand während ich ihren Müll (und ich bin mir sicher, dass es *ihr* Müll war) entsorgte. Doch schließlich war Robert *mein* Freund und *ich* hatte ihn eingeladen.

Insgeheim hoffte ich inständig, dass Robert mittlerweile an Sehschwäche litt angesichts des Umstandes, dass ich es meiner Frau nun wirklich nicht allzu leicht machen und wirklich jede ihrer Hinterlassenschaften wegräumen wollte.

Außerdem musste ich ständig daran denken was ihn wohl so sehr aus dem Häuschen gebracht haben könnte. Ich kannte Robert als zwar begeisterungsfähigen aber ebenso coolen Querdenker, der oft die haarsträubendsten Ideen hatten, sie aber verwarf sobald er erkannt hatte, dass sie weder Hand noch Fuß hatten. Wenn er etwas gefunden hatte und mich deshalb so aufgeregt anrief, dann hatte das Hand und Fuß.... nunja, zumindest halbwegs.

Die beiden Tage bis zu Roberts Eintreffen verbrachte ich mit aufräumen, putzen und grübeln; in den Nächten konnte ich kaum ein Auge zutun.

Endlich war es so weit: Robert stand vor der Tür. Nein, eigentlich stand ein wohlbeleibter bärtiger Mann vor unserer Tür, der entfernte Ähnlichkeiten mit Robert aufwies und einen zerknüllten und halb zerfetzten Pappkarton unter einem Arm balancierte während er mir mit der freien Hand um den Hals fiel.

»Was sagt man dazu«, grölte er, »du hast dich ja gar nicht verändert«.

Wie sehr ich auch versuchte, ihm das Kompliment zurückzugeben – es wollte mir nicht gelingen. Aus Robert, dem sportlichen, schlanken und hochgewachsenen Jungen war Robert der bärtige Dickwanst geworden.

»Schön, dass du da bist.«

Auch ich umarmte ihn herzlich und nahm ihm den zerzausten Karton ab wobei ich feststellen musste, dass er ziemlich schwer war. Kaum zu glauben, dass Robert ihn sich so einfach unter den Arm hatte klemmen können. Ich jedenfalls benötigte beide Arme um ihn nicht fallen zu lassen.

»Was ist denn da drin?«

»Bücher und Dokumente, alter Junge«, zwinkerte er mir verschwörerisch zu als habe er wer weiß was in seinem alten Pappkarton gesammelt.

Meine Frau erschien in der Tür.

»Das ist Ina« stellte ich sie ihm vor, »und hier haben wir meinen alten Kumpel Robert«.

Ina streckte ihm die Hand entgegen und ließ sich von ihm umarmen. Wow, der war aber gut drauf. So überschwänglich kannte ich ihn gar nicht. Früher war Robert Mädchen gegenüber eher zurückhaltend gewesen. Nach dem Abi hatten die meisten von uns schon mal Sex mit einem Mädel gehabt aber wir waren uns alle einig, dass Robert damals noch Jungfrau gewesen ist, auch wenn er das immer vehement bestritten hatte.

Komischerweise schien Ina ihn auf Anhieb zu mögen. Anderen Freunden gegenüber, insbesondere solchen, die meine späteren Hobbys teilten, war sie weniger aufgeschlossen. Einen hatte sie sogar mal raus geworfen nachdem er sich unvorsichtigerweise in unserem Haus eine Zigarette angesteckt hatte und sie auch nach Inas freundlicher Aufforderung nicht ausmachen wollte.

Nunja, das würde die Sache sicherlich vereinfachen wenn Ina und Robert auf einer Wellenlänge lagen....wenn es überhaupt zu einer »Sache« kommen würde. Doch aus welchem Grund auch immer war ich zu jener Zeit felsenfest davon überzeugt, dass die alte Freundschaft zwischen Robert und mir nach mehr als zwei Jahrzehnten wieder einen Neubeginn erleben würde und dass wir vielleicht genau dort wieder anknüpfen würden wo wir nach der Schulzeit aufgehört hatten.

»Fühl' dich wie zu Hause«, hörte ich Ina sagen

»Mach ich glatt.«

Robert hatte sich offensichtlich nur äußerlich verändert. Er hatte es auch früher schon verstanden, die Wohnungen und Häuser seiner Freunde für Tage in Beschlag zu nehmen wenn wir etwas unternahmen... sehr zum Missfallen meiner Mutter.

»Okay, komm erst mal rein und setz' dich. Wir haben sicher viel zu erzählen.«

Ich lotste ihn ins Wohnzimmer und bot ihm einen Platz auf der Couch an während Ina seine Jacke an die Garderobe hängte.

»Willst du was trinken?«

»Ein Bier wenn du hast.«

»Na klar«.

Ich grinste und ging in die Küche wo ich in weiser Voraussicht bereits mehrere Flaschen Altbier (übrigens das beste Bier der Welt) kalt gestellt hatte.

Nach dem ersten Schluck grinste er mich an

»Das hat mir gefehlt, weiß du?«

Dann plauderten wir mindestens eine Stunde lang über unsere Leben, die wir zwischenzeitlich geführt hatten. Ich hatte mich irgendwann selbständig gemacht, war freiberuflicher Journalist geworden, hatte eine Frau und zwei Kinder. Roberts Ehe war nach zwei Jahren geschieden worden und – wie konnte es auch anders sein – er arbeitete noch immer in der Firma seines Vaters. Nur war der zwischenzeitlich verstorben und Robert hatte den ganzen Betrieb geerbt. Die Geschäfte wurden allerdings von seinem Geschäftsführer erledigt während sich Robert nur noch mit seinen Hobbys beschäftigte. Diese schienen sich in all den vielen Jahren nicht sehr geändert zu haben. Schnell kam er auf das Thema zu sprechen wegen dessen er hier war.

»Ich glaube, ich habe die Lösung«

»Die Lösung für was?«

Die Frage war eigentlich unnötig. Ich wusste mittlerweile, dass er nie aufgehört hatte an seinem Traum zu arbeiten.

»Ich weiß wie man einen UFO-Antrieb baut«.

Obwohl ich ahnte, dass es ihn wahrscheinlich verletzen würde, musste ich unwillkürlich lachen.

»Wie meinst du das?«

»Naja, ich habe herausgefunden wie man einen, vielleicht sogar überlichtschnellen Antrieb baut.«

Was er sagte klang fast so naiv wie die »Ergebnisse«, die wir in den späten Jahren unserer Schulzeit erlangt hatten. Wir waren tatsächlich der Ansicht, einem richtigen UFO-Antrieb, ja sogar freier Energie ziemlich nahe zu sein und führten unsere Forschungsergebnisse regelmäßig im Physikunterricht fort. Unser Physiklehrer dachte wohl auf diese Weise unser Interesse an der Physik zu erhalten und ließ uns gewähren, ja begegnete und sogar mit, wie ich mittlerweile weiß, gespieltem Interesse. Die meisten Klassenkameraden lachten über das was wir herausgefunden zu haben glaubten weshalb wir Außenseiter waren. Das aber schweißte uns nur noch enger zusammen.

Als mir Robert nun eröffnete, er habe die Lösung für einen echten, möglicherweise überlichtschnellen UFO-Antrieb gefunden, versetzte mich das unwillkürlich wieder in jene Zeit zurück, wo ich selbstbewusst und in dem festen Glauben, meinen Mitschülern um Längen voraus zu sein, vor der Klasse stand und darüber dozierte, wie Gravitation entstünde und wie man sie manipulieren könne um ein Raumschiff zu bauen, dass mit unglaublicher Geschwindigkeit durch das All jagen würde.

Während ich in den Jahren danach zu lernen geglaubt hatte, dass all unsere Erkenntnisse letztendlich reine Spinnerei gewesen waren, dass wir die hohe Kunst der Physik doch bitte den Physik-Professoren überlassen sollten, war Robert offensichtlich nicht so wankelmütig gewesen. Ein bisschen schämte ich mich für meine Schwäche, die ich nun als solche erkannte. Obwohl ich mir beim besten Willen nicht vorstellen konnte, dass Robert weiter gekommen war als wir jemals vor über 20 Jahren gekommen waren, nahm ich mir vor, über meinen Schatten zu springen und ihm so offen wie möglich zu begegnen.

»Was hast du herausgefunden?« fragte ich ihn daher ernst.

Statt einer Antwort schaute er sich suchend nach seiner Jacke um.

»Ich habe etwas in meiner Jackentasche das du dir ansehen musst.«

»Ich schätze, Ina hat sie an die Garderobe gehängt. Hier raus und dann links«, wies ich ihm den Weg zur Garderobe.

Nach weniger als dreißig Sekunden kam er zurück und reichte mir einen kleinen, goldfarbenen Anhänger, kaum größer, als die Playmobilfiguren meiner Tochter. Das Teil hing an einer ebenso goldfarbenen Kette und war ziemlich schwer. Es sah entfernt aus wie ein Kampfjet wenn man von der Tatsache absah, dass es scheinbar keine Pilotenkanzel gab sondern nur einen offenen Sitz. Zumindest verfügte es aber über die charakteristischen, dreieckigen und eher kleinen Tragflächen, die den meisten modernen Kampfflugzeugen zu eigen ist.

Staunend schaute ich zu Robert auf.

»Was zum Henker ist das?«

»Naja«, grinste er mich an »für was hältst du es denn?«

»Für eine Konzeptstudie eines ausgeflippten Designers auf der Suche nach der Symbiose aus Cabrio und Flugzeug« gab ich, ebenfalls grinsend, zurück.

»Man sollte diesen Designern den Geldhahn zudrehen. Sie entwerfen nur unproduzierbaren Mist.«

Ich hatte die vielen Bilder der sogenannten »Concept-Cars« vor Augen, die auf den beiden großen Automobilausstellungen immer für eine reiche Zuschauerzahl sorgten, jedoch nie wirklich in die Tat umgesetzt wurden weil sie jedweder Praxis entbehrten. Ich hielt die Designer, die hinter solchen Konzepten steckten, für aufgeblasene. realitätsfremde und überbezahlte Scharlatane, die ihren Ruhm auf der Basis hart arbeitender Entwickler aufbauten während sie selber lediglich Luftnummern entwickelten.

»Okay«, unterbrach er meinen Gedankenstrom.

»Was würdest du sagen wenn das Teil nach offiziellen Angaben über 2500 Jahre alt ist?«

Nun fiel mir im wahrsten Sinne des Wortes die Kinnlade herunter.

»Wie alt?«

»Es ist eine Replik eines archäologischen Fundes aus Kolumbien. Aber das ist eher nebensächlich. Man fand solche Flugzeuge überall auf der Welt bei Ausgrabungen uralter Kulturen.«

Ich verzog das Gesicht.

»Quatsch, man hätte doch wohl davon erfahren wenn Archäologen prähistorische Flugzeuge ausgebuddelt haben.«

»Nunja...«, nun setzte er eine Mine auf, die ich nur allzu gut an ihm kannte und die sich trotz seiner Leibesfülle und seinem unpassenden Bart kein bisschen verändert hatte,

»diese Dinger«, er wies auf den Flieger in meiner Hand »sind nach offiziellen Aussagen Darstellungen von Insekten oder fliegenden Fischen.«

»Was??«

Meine Augen wurden groß. Ich mochte zwar weder besondere Kenntnisse über Flugzeuge besitzen noch war ich Insektenexperte aber es leuchtete mir ein, dass es sicherlich keine Insekten mit dreieckigen Tragflächen und Sitzgelegenheiten gab wie sie hier bei dem Anhänger, den ich in meiner Hand drehte, über deutlich zu sehen waren. Gleiches galt für Fische.

»Die Ornamente«, er deutete mit der Spitze seines Zeigefingers auf kleine Kringel, die auf der Oberseite der Tragflächen zu sehen waren, »sollen die eigentlichen Flügel darstellen. Man traute den Handwerkern der damaligen Zeit wohl nicht zu, die Flügel so zu bauen, wie sie sein sollten, weshalb man annimmt, dass sie sie eingravierten.«

Ich betrachtete das kleine Kunstwerk von allen Seiten. Kaum zu glauben, dass die Handwerker, die es einstmals geschaffen hatten nicht in der Lage gewesen sein sollen, dem Ding kleine runde Flügel zu verpassen. Tatsächlich verpassten sie ihm regelrechte Deltaflügel wie sie heute bei Kampfjets der Luftstreitkräfte und z.B. auch dem Spaceshuttle üblich waren.

»Nein, das ist ein Flieger«, murmelte ich mehr zu mir selber als zu Robert.

»Eben, sag' ich doch.«

»Und wie kommen diese....«

»Calima hieß die Kultur, die dieses Kleine Flugzeug baute.«

»Danke. Okay, wie kamen die Calima dazu, solche Flugzeuge zu bauen?. Ich meine, wenn sie richtige Flugzeuge gebaut hätten, dann hätte man davon ja wohl noch Wracks ausgebuddelt, oder?«

»Sie haben diese Dinger aus dem Gedächtnis gebaut. Ihre Zivilisation ist viel zu jung, als dass sie noch Zugang zu dem alten Wissen gehabt hätten. Aber sie haben sich mündlich von Generation zu Generation überliefert, dass es einmal solche Flugzeuge gab und wie sie aussahen.«

Er schaute mich halbwegs belustigt an.

»Das ist zumindest meine Erklärung.«

Robert sprach immerzu von »altem Wissen«. Das war nun ein krasser Widerspruch zu dem Robert, den ich von früher kannte. Jener Robert hatte stets in die Zukunft geblickt und gehofft, dort irgendwann die Antworten auf seine Fragen zu finden.

Der dicke, bärtige Robert hingegen schaute in die Vergangenheit und ein paar hundert oder tausend Jahre schienen ihm nicht einmal auszureichen.

»Wie kommst du darauf, dass die ganz uralten Völker in der Lage gewesen sind, Flugzeuge zu bauen?«

»Weil man es ihnen gezeigt hat.« Robert kramte in seinem alten, zerfledderten Pappkarton und förderte ein total ramponiertes, blaues Buch mit Hardcovereinband hervor, das er mir in die Hand drückte. Als ich es durchblätterte stellte ich fest, dass er in nahezu jede Seite etwas hinein gekritzelt hatte. Außerdem war jede Buchecke – nicht nur die oberen sondern auch die unteren – irgendwann einmal umgeknickt gewesen. Er musste das Buch unendlich oft gelesen haben. Ich kannte seine Eigenart, die Seiten als Lesezeichen umzuknicken. Meine Mutter wäre beinahe einmal explodiert nachdem sie ein Buch zurück bekam, das sie ihm Wochen zuvor geliehen hatte und bei dem sie dutzende Seiten mit Eselsohren vorfand. Aus ihrer Sicht war es ein Unding, so mit einem Buch umzugehen.

Beim Durchblättern fand ich zahlreiche Zeichnungen, die aussahen wie ägyptische Piktogramme; ich fand Zeichnungen von pyramidenartigen Gebäuden, Zeichnungen, die aussahen wir eine Darstellung unseres Sonnensystems etc.

Ich klappte das Buch zu um mir den Titel ansehen zu können.

»Der zwölfte Planet«, las ich halblaut vor, »von Zecharia Sitchin... sagt mir jetzt gar nichts«.

»Du solltest es lesen bevor wir weiter reden«, empfahl mir Robert.

»Warum?«

»Weil es sozusagen die Basis dessen ist was ich herausgefunden habe und weil du den Sinn des darauf Folgenden nicht kapierst wenn du den Anfang nicht kennst, capice?«

Robert wusste, dass ich Bücher gerne quer zu lesen pflegte. Dabei bekommt man einen guten Überblick über den Inhalt eines Buches, ohne jeden Satz oder gar jedes Wort explizit lesen zu müssen. Es spart Zeit, ein Buch quer zu lesen. Ich schätzte den Umfang ab. Das Buch enthielt zahlreiche Bilder. Wahrscheinlich würde ich es in ein bis zwei Stunden durch haben. Ich blickte auf die Uhr, dann auf Roberts prall voll gefüllten Pappkarton.

»Für wie lange willst du dich eigentlich hier einquartieren. Ich meine, wenn ich jedes dieser Bücher....«, ich deutete auf den Karton.

»Keine Panik, das Pensum schaffen wir locker. Ich bleibe bis du mich raus schmeißt oder bis Meiers SOS funkt.«

Meiers war sein Geschäftsführer. Robert brauchte offensichtlich so gut wie gar nicht mehr zu arbeiten. Kein Wunder, dass er sich da irgendwie anderweitig beschäftigen musste und dabei offensichtlich auf irgendetwas gestoßen war, das ihn so dermaßen aus dem Häuschen brachte und über das er zum Geier noch nicht mit mir reden wollte.

Selbstzufrieden streckte er die Beine aus, faltete die Hände wohlig über seinem fetten Wanst und blickte mich auffordernd an.

»Hör zu, die Kinder kommen gleich und nehmen das Wohnzimmer in Beschlag«, startete ich einen Versuch, Robert zu einer inhaltlichen Zusammenfassung des Buches verleiten zu können, »wenn du willst, lese ich mir das Buch heute Nacht im Bett durch. Aber was machen wir dann in der Zwischenzeit?«

Kaum hatte ich ausgesprochen, da kamen auch schon Timo und Eileen herein gestürmt, nahmen außer einem kurzen »Hallo« und »Tag« keine weitere Notiz von Robert, schalteten stattdessen die Playstation ein und versanken in ihrer eigenen Welt, die einzige übrigens, die sie seit einiger Zeit miteinander teilten und in der sie sich nicht permanent stritten.

Eben aus diesem Grund ließ ich sie gewähren, wenn ich dieses ständige Spielen vor der Glotze auch nicht gerade begrüßte. Die Tatsache, dass diese beiden Streithähne plötzlich ganz friedlich waren und sogar zusammenarbeiten konnten, machte so einiges wett. Allerdings hatte ich ihre Playstation-Aktivitäten auf zwei Stunden pro Tag begrenzt. Ich schaute erneut auf die Uhr

»In zwei Stunden können wir uns hier wieder in Ruhe unterhalten. Lass uns einen Spaziergang machen. Das Umland hier ist umwerfend. Ganz in der Nähe gibt es einen Segelflugplatz.«

Robert schien zunächst nicht sehr begeistert von dem Gedanken, seine Massen für längere Zeit auf den eigenen Füßen balancieren zu müssen. Bei dem Wort »Segelflugplatz« horchte er allerdings auf. Ich wusste, dass er sich – wie wir alle damals – schon immer nicht nur für Raumschiffe und UFOs interessiert hatte sondern auch immer schon für alles was mit der Fliegerei in Verbindung stand.

»Weißt du, dass ich mir einen Plan für den Bau eines Segelflugzeugs im Internet gekauft habe?« stieg er dann auch sofort darauf ein und erhob sich vom Sofa.

»Woher soll ich das wissen? Aber wenn dich das so interessiert…ich habe haufenweise Baupläne für Helikopter, Gyrokopter und Flugzeuge im Keller.«

Seine Augen begannen zu glänzen.

»Interessieren ist gar kein Ausdruck!«

»Du kannst sie alle haben wenn du mir unterwegs erzählst was in dem Buch von diesem Sitchin steht«, startete ich den nächsten Versuch, um das Selberlesen herumzukommen.

»Abgemacht!«

Es stand bereits in der Tür, die Jacke in der Hand. Ich gab Ina kurz bescheid, dass wir für die nächsten zwei Stunden unterwegs sein würden und bat sie, den Grill für unsere Rückkehr vorzubereiten. Robert machte mir einen ziemlich hungrigen Eindruck und ich stellte mir vor, dass ich ihm bei einem Grillabend im Garten mehr entlocken konnte als bisher.

Der Weg zum Segelflugplatz führte uns durch einen kleinen Wald und dann mehr oder weniger querfeldein durch unwegsames Gelände. Da Robert spätestens dort sicherlich zu japsen und keuchen beginnen würde und sich – wenn wir erst am Flugplatz angekommen waren – sicherlich für die dortigen Attraktivitäten interessieren würde, versuchte ich so früh wie möglich etwas aus ihm herauszubekommen.

»Okay, das Buch«, startete ich die Unterhaltung, kaum dass wir das Haus verlassen hatten.

»Woher stammen wir Menschen?« fragte er mich statt mit der Inhaltsangabe des Buches zu beginnen.

»Nunja, wir haben uns aus dem Affen entwickelt.«

Zumindest glaubte ich damit, einigermaßen richtig zu liegen.

»Zuerst war der Affe, dann die ersten menschenähnlichen, aufrecht gehenden Hominiden, dann kam der Neandertaler, dann der.....«

»Homo Errectus, der Cromagnon-Mensch bla bla«, ergänzte er meine Ausführung.

»Glaubst du, dass wir uns aus denen entwickelt haben?«

»Natürlich......«

»Falsch!«

Er grinste mich vielsagend an

»All diese frühen Kulturen, all diese sogenannten Vorfahren des Menschen sind komplett ausgestorben und zwar lange, laaaaange bevor wir Menschen zum ersten Mal einen Fuß auf die Erde setzten.«

Das hatte ich in der Schule freilich anders gelernt. (Später erfuhr ich übrigens, dass mir die Schule kein wirklich falsches Bild der Menschheitsentwicklung präsentiert hatte, dass sie aber ein paar wichtige Details, die für ein Gesamtbild unerlässlich sind, weggelassen hatte. So beispielsweise den netten kleinen Umstand, dass es keine Verbindung zwischen uns Menschen und unseren vermeintlichen Vorfahren gab, dass wir uns zwar äußerlich ähnelten, uns jedoch nicht aus ihnen entwickelt hatten. Als Robert mir diese Tatsache, die jedem Evolutionsforscher und jedem Archäologen sehr wohl bekannt war und die man in jedem Fachbuch nachlesen konnte, an jenem Nachmittag allerdings so um die Ohren schlug, schaltete mein Verstand unwillkürlich auf Widerstand.)

»Na hör mal. Und woher stammen wir dann deiner Meinung nach? Sind wir auf die Erde geplumpst?«

Der letzte Satz war eigentlich spaßig gemeint. Robert nahm ihn jedoch todernst.

»Nicht so ganz«, begann er », laut Sitchin sind vor unvorstellbar langer Zeit, als es noch keine Menschen auf der Erde gab, Außerirdische hier gelandet und haben den Menschen als Arbeitssklaven erschaffen.«

»Ach komm hör auf!«

Ich war bei dem Wort »Außerirdische« fast in ein nahe gelegenes Gebüsch gefallen nachdem ich einen demonstrativen Satz zur Seite gemacht hatte.

»Was willst du mir als nächstes erzählen? Dass wir nicht alleine im Universum sein können weil es rein rechnerisch unmöglich ist, dass wir tagtäglich von allen möglichen Aliens heimgesucht werden, die mit uns seltsame Versuche anstellen?

Robert schien angesichts meiner ablehnenden Haltung ein wenig beleidigt. Das konnte er schon früher gut. Wenn man nicht seiner Meinung war, zog er ein beleidigtes Gesicht und wandte sich ab.

»Du hättest das Buch tatsächlich nicht selber lesen dürfen«, begann er zu meiner Überraschung trotz seiner beleidigten Mine

»du bist dazu echt nicht tolerant genug. Es ist gut, dass ich dir selber erzähle was in dem Buch steht, denn auf diese Weise kann ich dir gleich sagen was ich an Sitchins Theorie für richtig halte und was für falsch. Nur damit du nicht weiter über Aliens ablachen musst: Ich halte Sitchins Annahme, dass Außerirdische die Erde damals besucht haben, für falsch.«

»Okay.....«

Ich atmete auf. Für einen kurzen Moment hatte ich schon alle Hoffnungen aufgegeben, dass Robert tatsächlich auf etwas gestoßen war und stattdessen geglaubt, er habe den Verstand verloren oder sich einer dieser Esoterik-Sekten angeschlossen, die an Außerirdische glauben.

»Dass Sitchin glaubt, es handele sich um Außerirdische stützt sich mehr oder weniger auf drei bis vier, eher schwache Fakten. Erstens nannten die frühen Menschen, die Akkadier und Sumerer, diese Wesen An-Unna-Ki, was soviel heißt, wie *Vom Himmel zur Erde Kommende*.

Aber wenn du ehrlich bist deutet das nicht einmal auf Raumfahrt hin, geschweige denn auf Außerirdische, denn heute kommt jeder, der mit einem Flugzeug landet, vom Himmel zur Erde.«

Das verstand ich. Roberts Verstand war zu meiner Erleichterung noch immer messerscharf. Er hatte – trotz seiner offensichtlichen Begeisterung für das Buch und seinen Autor – nicht einfach jede Aussage ungeprüft hingenommen sondern selber nachgedacht. Seine Aussage war nicht von der Hand zu weisen.

»Und zweitens?«

»Zweitens hat er zahlreiche Abbildungen aus uralten Zeiten gefunden, die Ähnlichkeiten mit Raketen aufweisen. In einigen dieser spitzförmigen Dinger stecken sogar Menschen. Parallel dazu finden sich zahllose Figuren in unglaublich seltsamen Anzügen, die er als Raumanzüge interpretiert.«

»Aha und was sagt die Wissenschaft dazu?«

»Das kannst du dir ja wohl denken. Sie hält diese Abbildungen für Götzenbilder in phantasievollen Kostümen und die vermeintlichen Raketen für was anderes, das nur zufällig so aussieht. Hör mal, wenn du die Wissenschaft darauf ansprichst, dass es vor tausenden von Jahren schon mal eine hochentwickelte Raumfahrt auf der Erde gegeben hat, stellen die ihre Ohren auf Durchzug und lachen dich aus.«

»Kann ich verstehen. Alles was man von diesen Menschen jemals gefunden hat sind Steinwerkzeuge und so'n Zeug. Wie sollen die Raumschiffe gebaut haben?«

»Kann ich dir diese Frage später beantworten?« bat er mich.

»Klar! Und drittens?«

Nun setzte er einen Blick auf, der mir verriet, dass er mir einen richtigen Knüller auftischen würde.

»Drittens gibt es eine, ungefähr 4500 Jahre alte, ziemlich maßstabsgetreue Darstellung unseres Sonnensystems.«

Bei den Worten klappte er das Buch auf, das er die ganze Zeit mitgeschleppt hatte und fand sofort die richtige Seite. Offenbar hatte er das Buch an dieser Stelle schon so oft aufgeschlagen, dass sie sich dort fast von alleine aufklappte. Er reichte mir das Buch damit ich die Bilder genauer inspizieren konnte. Zuerst sah ich nur Abbildungen von

Menschen und Tieren sowie seltsame Zeichen in einer mir unbekannten Schrift.

Zwei der Menschen standen, der dritte saß. Robert deutete mit dem Zeigefinger zwischen die Köpfe der beiden stehenden Menschen. Dort waren ein großer Punkt mir Zacken daran eingraviert, der von mehreren kleinen Punkten unterschiedlicher Größe umgeben war.

Auf der nächsten Seite war dieser Ausschnitt vergrößert dargestellt und mit einem modernen Abbild unseres Sonnensystems verglichen worden. Tatsächlich schien diese winzige Abbildung unser Sonnensystem darzustellen. Der zentrale Punkt war ganz offensichtlich die Sonne, die von den heute bekannten Planeten umgeben war. Ich wusste, dass die letzten dieser Planeten erst im vergangenen Jahrhundert entdeckt wurden. Die Akkadier, die diese Abbildungen ausweislich des Buches gefertigt hatten, konnten sie unmöglich gekannt haben, da man sie von der Erde aus selbst mit guten Fernrohren nicht sehen konnte.

Ich begann die Planeten, die die Sonne dieses uralten Kunstwerkes umgaben, zu zählen.

»Es sind zwei mehr, als in modernen Darstellungen«, unterbrach er meinen Versuch.

»Und warum?«

»Zum einen betrachteten die alten Akkadier unseren Mond als eigenständigen Planeten und zum anderen, das behauptet zumindest Sitchin, gibt es einen weiteren Planeten in unserem Sonnensystem, den unsere Wissenschaft noch nicht entdeckt hat, den die Akkadier vor 4500 Jahren aber bereits kannten. Sitchin nennt ihn Nibiru und nach seiner Theorie kamen von dort die Wesen, die später den Menschen erschufen.«

»Also doch wieder Außerirdische« konstatierte ich.

»Wenn du Nibiru und die An-Unna-Ki als untrennbar verbunden siehst wie Sitchin et tut, dann ja. Für mich gehören Nibiru und die An-Unna-Ki jedoch nicht zusammen. Ich glaube, dass es beide gab oder gibt aber ich glaube nicht, dass die An-Unna-Ki Außerirdische vom Planeten Nibiru waren.«

»Und selbst das Hubble-Telekop soll diesen Nibiru noch nicht entdeckt haben?«

»Das ist einer der Punkte wo Sitchins Theorie massive Risse bekommt.« Robert schnappte vor Aufregung nach Luft.

»Angeblich soll dieser Planet eine große, elliptische Laufbahn um die Sonne beschreiben und nur alle 3600 Jahre hier von der Erde aus sichtbar sein. Da stellt man sich natürlich unwillkürlich die Frage wie so ein Planet Leben beherbergen kann, noch dazu ein Leben, das unserem so ähnlich sein soll, dass die An-Unna-Ki hier auf der Erde nicht nur leben, sondern den Menschen zu einem gewissen Teil aus sich selber erschaffen konnten...«

»Wie bitte?«

»Tz tz. Da hat aber einer das Buch der Bücher nicht gelesen.« spottete Robert über meine Abneigung gegenüber allem was auch nur im Entferntesten mit Religion zu tun hatte. Und als wolle er noch einen draufsetzen, nahm seine Stimme den weihevollen Klang eines Pfarrers an als er die Bibelpassage zitierte, auf die er anspielte.

»Und Gott sprach: Lasset uns Menschen machen nach unserem Bild und uns ähnlich.«

»Ja lass gut sein«, versuchte ich ihn zu bremsen weil ich nun wirklich kein Interesse an frommen Bibelsprüchen hatte »was hat die Bibel mit dem Abbild unseres Sonnensystems und den An-Unna-Ki zu tun?«

»Sehr viel mehr, als du glaubst.« Robert wurde ungewöhnlich ernst. »Große Teile des sogenannten alten Testaments wurden aus älteren Schriften der Mesopotamier und Ägypter übernommen. Diese Sache mit der Erschaffung des Menschen kannst du in mehreren Texten nachlesen, die viel älter sind als das alte Testament. So zum Beispiel im sogenannten Atra-Hasis Epos oder auch in der babylonischen Enuma-Elish. Da steht dann auch klipp und klar wer an der Erschaffung beteiligt war und warum die An-Unna-Ki überhaupt Menschen erschaffen wollten.«

»Aha und warum?«

»Als Arbeitssklaven. Die An-Unna-Ki waren hierarchisch strukturiert. Es gab welche, die sich bedienen ließen und solche, die die ganze Arbeit erledigten. Irgendwann rebellierten diese niederen An-Unna-Ki gegen ihre Anführer, so dass sich diese etwas einfallen lassen mussten.«

»Und sie erschufen den Menschen?«

»Genau! Sie kreuzten irgendeinen Urmenschen, einen Affen oder was weiß ich mit sich selber und erschufen so einen Hybriden, der ihnen ziemlich ähnlich war.«

»Und du glaubst ernsthaft, dass so die Menschheit entstanden ist?«

»Ja, das glaube ich. Zumindest waren da plötzlich Menschen, also ich meine jetzt, echte Menschen und keine menschenähnlichen Vormenschen. Sie kamen scheinbar aus dem Nichts und begannen, die Erde zu bevölkern. Dass sie künstlich erschaffen oder gezielt gezüchtet wurden, erscheint mir da gar nicht so abwegig.«

Je mehr ich darüber nachdachte umso einleuchtender erschien mir seine Logik. Falls die Menschheit tatsächlich plötzlich da war und sich nicht etwa aus einer der zahlreichen Vormenschen weiterentwickelt hatte, dann schien es eine gute Erklärung zu sein, dass sie irgendwer künstlich erschaffen hat indem er in die Evolution eingriff.

Wir Menschen griffen und greifen auf diese Weise ständig in die Evolution ein. Die meisten unserer domestizierten Pflanzen und Tiere sind keine natürlichen, evolutionären Entwicklungen sondern die Resultate gezielter Zucht und – in den letzten Jahrzehnten – sogar genetischer Manipulation. Wir schlenderten gerade an einer Pferdekoppel entlang und mir wurde bewusst, dass die Natur, die Evolution also, niemals so große Pferde hervorgebracht hätte wie wir sie als unsere Reittiere züchteten. Es wäre einfach unpraktisch für ein Pferd wenn es als wildes Steppentier so groß wäre.

War es denkbar, dass wir Menschen selber einst aus einer solchen, gezielten Zucht hervorgegangen waren und uns gar nicht so ungestört haben entwickeln können wie Darwin & Co. es uns Glauben machen wollen?

»Wir hätten uns in dieser kurzen Zeit gar nicht so weit entwickeln können.« Robert schien meine Gedanken gelesen zu haben. Das hatte er auch früher schon gut gekonnt.

»Die Evolution brauchte offenbar Millionen und Abermillionen von Jahre bis sie die ersten Affen hervorbrachte und weitere hunderttausend Jahre bis sich die ersten, noch sehr sehr primitiven, menschenähnlichen Wesen entwickelt hatten, die allesamt wieder komplett aussterben. Und dann…POFF….«

Er hob theatralisch beide Hände zum Himmel wie ein großer Magier »waren wir Menschen da, komplett entwickelt, so wie wir es bis heute sind. Wir haben uns seit dieser Zeit nicht weiterentwickelt; nur unsere Technologie hat sich verändert aber biologisch sind wir noch immer die gleichen Menschen wie vor knapp 7000 Jahren, die da plötzlich in der Jungsteinzeit aus dem Nichts entstanden und sich anschickten, nach und nach die Erde zu bevölkern.«

»Und das waren die Züchtungen der An-Unna-Ki?« Ich war noch immer mehr als skeptisch.

»Nein, nicht ganz. Die Wesen, die von den An-Unna-Ki erschaffen worden waren, müssen uns sehr ähnlich gewesen sein doch wir«, er tippte sich und mir auf den Bauch »sind die Nachkommen dieser Arbeitsskalven *und* der An-Unna-Ki.«

Das wurde ja immer besser. Nun waren wir nach Roberts Ansicht also nicht nur das Ergebnis eines gezielten Zuchtversuchs irgendwelcher seltsamer Wesen deren Herkunft mir noch immer schleierhaft war, sondern wir waren letztendlich das Resultat aus der Verbindung dieser Züchtungen mit den Züchtern?

Schon wieder nahm Roberts Blick einen weihevollen Ausdruck an und ich ahnte was mir blühte: Ein weiteres Bibelzitat. Tatsächlich hatte ich recht.

»Da sich aber die Menschen begannen zu mehren auf Erden und ihnen Töchter geboren wurden, da sahen die Kinder Gottes nach den Töchtern der Menschen, wie sie schön waren, und nahmen zu Weibern, welche sie wollten.«

»Bist du fertig?«

»Yup!«

»Danke! Ist das auch eine der Stellen, die die Bibel von älteren Texten abgekupfert hat?«

»Genau das. Die Vermählung zwischen An-Unna-Ki und Menschen wird in mesopotamischen Quellen ziemlich genau beschrieben. Die An-Unna-Ki waren richtige Lüstlinge.«

»Irgendwie bringt uns das aber nicht weiter, findest du nicht? Ich meine, wir haben mit einem UFO-Antrieb angefangen und reden jetzt seit einer Viertelstunde nur über die Erschaffung des Menschen und seltsamen Wesen, die ihn angeblich erschaffen haben um dann mit diesen Menschen Kinder zu zeugen deren Nachfahren wir heute sind. Was hat all das mit dem UFO-Antrieb zu tun den du entdeckt zu haben glaubst?«

»Tja wenn du keine Zeit hast....« Robert setzte schon wieder seine beleidigte Mine auf. »Aber okay, machen wir einen kleinen Sprung bevor wir dann aber bitte wieder schrittweise vorangehen.«

»Einverstanden.«

»Die An-Unna-Ki waren Wesen, die eine weitaus höher entwickelte Technologie besaßen als wir heute. Dafür gibt es unzählige Beweise, die ich dir alle noch zeigen werde. Sie gaben ihr Wissen an die Menschen weiter weil sie zu faul oder zu arrogant waren, selber Hand anzulegen. Vielleicht waren sie auch einfach nur zu wenige.«

Nun musste ich doch einmal laut losprusten obwohl ich es mir gerne verkniffen hätte da ich wusste, dass ich Robert damit kränkte.

»Du glaubst im erst, dass die Menschen in der Jungsteinzeit, die Mesopotamier, Ägypter und wie sie alle hießen, mit Raumschiffen geflogen sind und sich mit Laserpistolen beschossen haben statt mit Pfeil und Bogen?«

Wie erwartet war Robert durch mein lautes Gepolter ziemlich pikiert. Sein Tonfall nahm eine Schärfe an, die für ihn recht ungewöhnlich war.

»Nein, das glaube ich nicht. Tatsächlich waren die An-Unna-Ki peinlichst um die Wahrung ihres Wissens bemüht und weihten nur sehr wenige Menschen in ihre Geheimnisse ein. Menschen, die man heute wohl als Priester bezeichnen würde. Es waren Menschen, die das Vertrauen der An-Unna-Ki genossen, welche damals die Völker regierten. All die anderen Menschen bekamen nur das Wissen, das sie benötigten, um die An-Unna-Ki mit allem zu vorsorgen was diese für ein angenehmes Leben brauchten. Sie lernten Ackerbau und Viehzucht, Ziegelbau, das Töpfern etc.«

Gut, das leuchtete mir ein. Es war eine ziemlich gute Erklärung dafür, warum die Menschen ein recht primitives Leben führten während es zeitgleich eine weit entwickelte Technologie gegeben haben soll, die, zumindest laut Robert, viel weiter entwickelt war, als unsere heutige Technologie.

»Aber warum fand man keine Überreste der Raumschiffe und Flugzeuge, die die An-Unna-Ki zu jener Zeit besaßen?«

»Ich nehme an, dass sie keinen Kunststoff verwendet haben wie wir das heute tun. Es gibt Hinweise darauf, dass sie uns bei der Entwicklung von Materialien, insbesondere von Metallen, deutlich mehr als eine bloße Nasenlänge voraus waren.«

»Also ist alles verrottet was die An-Unna-Ki bauten?«

»Entweder das oder sie zerstörten es gezielt bevor sie von der Bildfläche verschwanden. Dass es überhaupt keine Funde gibt ist übrigens nicht ganz richtig. Tatsächlich gibt es einzelne Funde, die sich aber nicht eindeutig zuordnen lassen. So gibt es beispielsweise einen metallenen Landefuß, der in der rumänischen Stadt Aiud, zusammen mit Knochen eines seit zwei Millionen Jahren ausgestorbenen Mestodon in rund 10 Metern Tiefe ausgegraben wurde. Es besteht aus einer ungewöhnlichen aluminiumähnlichen Legierung und ist mit einer zentimeterdicken Oxydschicht bedeckt was darauf schließen lässt, dass es tatsächlich schon sehr sehr lange in der Erde gelegen haben muss...zumindest länger als wir Menschen nach offizieller Aussage das Aluminium kennen.«

»Und es ist sicher, dass dieser Fuß zwei Millionen Jahre alt ist?«

»Sicher ist gar nichts.« Robert war noch immer auf hundertachtzig. »Nur....wer hätte den Fuß da vergraben sollen, ohne auf die Saurierknochen zu stoßen? Sicher ist nur, dass er mindestens ein paar tausend Jahre vor sich hin oxidierte aber ich halte zwei Millionen Jahre für wahrscheinlich.«

»Wieso das denn?« mir fielen zahlreiche Ungereimtheiten auf.

»Wir sprachen doch von einer Zeit, die etliche tausend Jahre zurück liegt und nicht von einer Zeit, die zwei Millionen Jahre zurück liegt. Haben die An-Unna-Ki den Menschen nun vor 7000 Jahren, vor 20.000 Jahren oder vor 2 Millionen Jahren erschaffen?«

Robert verdrehte die Augen. Er bereute, so weit vorgegriffen zu haben, dessen war ich mir sicher. Nun herrschte allgemeine Verwirrung und er sah sich genötigt, alles richtig zu stellen was scheinbar falsch war, alles zusammenzufügen was scheinbar nie und nimmer zusammenpassen wollte.

»Die Zeit der An-Unna-Ki von denen wir eben sprachen beginnt vor ungefähr 400.000 Jahren. Wann die ersten Menschen erschaffen wurden ist nicht wirklich klar weil die Texte keine präzisen Daten enthalten. Die Jungsteinzeit, also die Zeit mit der die ersten Funde unserer Spezies verknüpft wird, begann vor ungefähr 7000 – 10.000 Jahren. Davor hat es vermutlich eine gewaltige Flutkatastrophe gegeben und genau davor liegt die Zeit in denen sich Menschen mit den An-Unna-Ki vermischt haben. Diese Epoche dürfte mehrere zigtausend Jahre gedauert haben.«

»Also hat dieser Landefuß gar keine Beweiskraft für die Hochtechnologie der An-Unna-Ki«, konstatierte ich.

»Nein«, gab er zu »nicht für die An-Unna-Ki wie die Mesopotamier und Ägypter sie beschrieben. Aber es könnte ein Hinweis darauf sein, woher diese An-Unna-Ki ursprünglich stammten, denn wie du ja schon richtig bemerkt hast, dürfte es ziemlich weit her geholt sein, zu glauben, sie kämen von einem Planeten, der die meiste Zeit seiner Existenz Lichtjahre von der Sonne entfernt ist.

»Echt?« Ich war ehrlich überrascht denn ich konnte keine Zusammenhänge entdecken.

»Naja...«, an seiner Unsicherheit war gut zu erkennen, dass er sich hinsichtlich der Herkunft der An-Unna-Ki selber noch nicht so ganz im Klaren war

»Wenn es bereits vor Millionen von Jahren eine technologisch weit entwickelte Kultur auf der Erde gab, die diesen metallenen Landefuß konstruiert hat«, begann er, »...was liegt da näher als die Vermutung, dass die An-Unna-Ki der Mesopotamier nichts anderes waren, als die Nachkommen dieser, vielleicht vor Millionen von Jahren ausgestorbenen. irdischen Zivilisation?«

Mir schoss ein Begriff durch den Kopf, ohne dass ich etwas dagegen hätte unternehmen können. Atlantis.

Als hätte er abermals meine Gedanken lesen können, meinte er: »Atlantis könnte eine von zahllosen hochstehenden und fortgeschrittenen Zivilisationen gewesen sein, die unsere Erde im Laufe ihrer Geschichte hervorgebracht hat. Wir sind vielleicht auch irgendwann nur eine davon und spätere Zivilisationen werden sich möglicherweise nicht einmal mehr an uns erinnern.«

»Wowww, guck mal dort!!«

Er deutete begeistert in den Himmel wo gerade eines der Segelflugzeuge mittels Seilwinde in den Himmel empor gezogen wurde. Ein feines Pfeifen begleitete den Startvorgang, gefolgt von einem peitschenartigen Zischen als der Pilot das Seil am Ende ausklinkte um dann, so schnell es ihm möglich war, warme Aufwinde zu suchen, die ihn höher tragen sollten.

Nun kam die Passage, die sich ziemlich unbefestigt durch den Wald schlängelte, stetig aufwärts zum höher gelegenen Flugplatz führte und von zahllosen Stolperfallen in Form von Baumwurzeln, Schlammpfützen oder Tierbauten gesäumt war.

»Pass auf, dass du nicht auf die Nase fällst«, riet ich ihn angesichts der Tatsache, dass er den Blick nicht vom Himmel nahm sondern stattdessen den Flug des kleinen Flugzeugs mit seinen Augen verfolgte. Der Kerl war schon eine Marke. Er interessierte sich für UFOs und uralte Zivilisationen; gleichzeitig faszinierte ihn aber auch das einfachste Flugzeug, das man sich denken konnte und das nicht einmal über einen eigenen Motor verfügte.

Kurze Zeit später wusste ich was ihn an diesen simplen Flugzeugen so sehr faszinierte.

»Weißt du, dass man 1898 bei Ausgrabungen in Sakkara ein kleines Holzflugzeug gefunden hat, das große Ähnlichkeiten mit diesen Segelflugzeugen besitzt?«

»Nein, nie davon gehört. Was ist den so besonders an diesem Holzflugzeug?«

»Nunja, zunächst einmal wohl die Tatsache, dass es über 4000 Jahre alt ist. Und wir beide wissen doch, dass es um 2000 v. Chr. ganz sicher noch keine Segelflugzeuge gab...«

Den letzten Satz hatte er mit triefender Ironie gesprochen.

Natürlich war ich mir des offensichtlichen Widerspruchs bewusst.

»Was sagen denn die Archäologen, die das Teil ausgebuddelt haben?«

»Lange Zeit wurde es unter der Katalognummer 6347 im ägyptischen Museum in Kairo als Vogel bezeichnet, aber diese Bezeichnung passt nun mal nicht. Dieser sogenannte Vogel besitzt nämlich nicht nur

Tragflächen statt Flügel, sondern zusätzlich noch ein Seitenruder statt eines Vogelschwanzes.«

»Irrtum ausgeschlossen?«

»Vollkommen!. Sieh dir doch mal die Flugzeuge an«, er deutete auf die zahlreichen geparkten Segelflugzeuge, die am Rande des Flugplatzes standen, der mittlerweile in Sichtweise gekommen war.

»Fällt dir daran nichts auf wenn du sie mit Vögeln vergleichst?«

Ehrlich gesagt fielen mir sehr viele Unterschiede auf doch ich wusste nicht, worauf Robert letztendlich hinaus wollte.

»Vögel können ihre Flügel bewegen...«, gab ich ziemlich dümmlich zum besten.

»Das auch«, er schien wieder halbwegs versöhnt »aber es gibt einen noch sehr viel gravierenderen Unterschied zwischen Vögeln und Flugzeugen als nur die Beweglichkeit der Flügel. Sieh dir doch mal das Hinterteil von Vögeln an. Die Schwanzfedern sind waagerecht angeordnet, stimmt's?

»Ähhh, ja.«

»Und Flugzeuge benötigen ein zusätzliches Seitenruder, das senkrecht hinten angebracht ist, richtig?«

Ich betrachtete die Flugzeuge näher. Er hatte recht. Jeder dieser Flieger besaß eine waagerechte und eine senkrechte »Flosse« am Heck. Ich nahm an, dass man mit der waagerechten Flosse beeinflussen konnte, ob man nach oben oder unten fliegen wollte während man die senkrechte Flosse, das Seitenruder, zum Kurvenfliegen benötigte.

»Okay«, startete Robert den nächsten Versuch, mir klar zu machen, dass es sich bei dem ägyptischen Fund nur um ein Flugzeugmodell handeln konnte »dieser sogenannte Vogel besitzt nur ein senkrechtes Seitenruder. Es gibt keinen Vogel auf dieser Welt, der hintenherumrum so aussehen würde.«

»Hast du vielleicht ein Foto von diesem Flugzeug Schrägstrich Vogel?«

»Na klar. Ich habe eine ganze Sammlung darüber und selber einen Nachbau zu Hause. Die Bilder befinden sich in einer Mappe im Karton, der bei dir im Wohnzimmer steht. Das Modell habe ich leider im Eifer des Gefechts vergessen.«

»Wieso kaufst du dir ein Modell davon?«

Langsam bekam ich das Gefühl, dass Robert zu viel Geld besaß. Solche Repliken, wie er sie mir von dem kleinen goldenen Anhänger vorgeführt hatte, waren sicherlich ziemlich teuer.

»Ich wollte sehen, ob der Piepmatz fliegen kann.«

»Wie bitte?«

»Na, wenn sich jemand die Mühe macht ein Flugzeug zu entwerfen und zu bauen, dann will er doch sicher, dass es fliegen kann, also nicht zum Beispiel bug-, oder hecklastig ist.«

»Und? Kann das Modell fliegen?«

»Besser als der Flieger dort«, er deutete auf einen gerade startenden Segelflieger, der, von einem dünnen Drahtseil gezogen, in steilem Winkel in den Himmel sauste.

»Hast du es ausprobiert?«

»Ja, hab' ich. Es fliegt einwandfrei. Bessere Flugzeugmodelle könnte man heute kaum bauen...wenn man mal davon absieht, dass es kein Höhenruder besitzt.«

Er schaute dem startenden Flugzeug nach bei dem der Pilot mittlerweile das Kabel ausgeklinkt hatte. Das Kabelende sank gerade mehr oder weniger sanft an einem Fallschirm zu Boden während der Pilot versuchte, an Höhe zu gewinnen.

»Hast du eigentlich eine Ahnung, wie das funktioniert?« Er schaute mich fragend an.

»Was denn? Das Segelfliegen?«

»Ja, genau das meine ich.«

»Nicht wirklich«, musste ich leider zugeben.

»Das funktioniert ganz einfach. Durch die großen Tragflächen wird Fallenergie in eine Vorwärts-Gleitbewegung umgewandelt. Der Pilot kann theoretisch also nur langsam aber sicher sinken. Um höher steigen zu können muss er solche Orte finden an denen warme Aufwinde, die sogenannte Thermik, ihn nach oben tragen. Sobald er diese Thermik verlässt oder sie abreißt, beginnt er wieder zu sinken. Das meiste am Segelfliegen ist Gleitflug. Wenn er eine gewisse Höhe unterschritten hat, muss er landen weil die Chance, dass er noch mal höher steigen kann, ab einer gewissen Höhe sehr gering ist. Da er beim Landen sozusagen nicht noch mal durchstarten oder endlose Warteschleifen fliegen kann, muss er ab einer gewissen Höhe den Landeanflug einleiten und sollte ihn auch nicht mehr unterbrechen.«

»Aha«, ich hatte mich bisher eigentlich nie wirklich für die Segelfliegerei interessiert, fand es aber interessant zu erfahren, warum Segelflugzeuge, trotz des fehlenden Eigenantriebs, in der Luft blieben.

»Lass uns seitlich am Flugplatz entlanggehen«, schlug ich vor. Am anderen Ende des rund drei Kilometer langen Flugfeldes befand sich die Startwinde, ein alter, umgebauter 7,5-Tonner mit zwei gewaltigen Seilwinden, die die Zugseile mit hoher Geschwindigkeit einholten während die Flugzeuge starteten. Rechts neben dem eigentlichen Flugfeld gab es einen gut ausgebauten Weg auf dem ich schon hunderte Male mit meinem Sohn entlang gewandert bin als dieser noch klein und von der Segelfliegerei fasziniert war. Damals musste ich mir auch jedes der Flugzeuge mit ihm von innen anschauen. Und wehe es stand ein neues Flugzeug auf dem Platz, eines, das er noch nicht von innen gesehen hatte....

Auf dem Rückweg war Robert ungewöhnlich schweigsam. Zuvor hatte er mir noch in den schillerndsten Farben und mit hektisch erhobener Stimme erzählt, wie viele dieser seltsamen, unerklärlichen Funde, die darauf schließen ließen, dass es einmal eine sehr weit entwickelte Technologie zu Beginn der Menschheit gegeben haben muss, in diversen Museen und Archiven schlummerten. Da gab es wohl uralte Zeichnungen, Gravuren, Schmuckstücke und so weiter und so fort, die Menschen in fliegenden Maschinen zeigten. Doch es gab auch Berichte von solchen Maschinen und davon, wie sie zerstört wurden.

Robert hatte die letzten zwanzig Jahre wohl damit zugebracht, von Museum zu Museum zu reisen, alte Texte zu studieren, Artefakte zu sammeln und das alles zu einem halbwegs sinnvollen Ganzen zusammenzusetzen, das »UFO-Antrieb« hieß.

Ich beschloss, ihn einstweilen nicht mit weiteren Fragen zu belästigen. Wahrscheinlich brauchte er etwas aus seinem alten Pappkarton um den nächsten Schritt zu erläutern. Ich galt für ihn wohl als »harte Nuss« was den Glauben an seinen UFO-Antrieb anbelangte. Das tat mir zwar leid da es ihn zu enttäuschen schien, andererseits wollte ich aber auch nicht von irgendwelchen alten Zeichnungen, Texten und Skulpturen auf die Möglichkeit schließen, dass es eine UFO-Technologie vor 7000 Jahren gegeben hat. Und selbst wenn – wie groß konnte die Wahrscheinlichkeit sein, dass sich das Wissen um diese Technologie bis heute erhalten hatte... Robert hatte selber gesagt, dass die An-Unna-Ki nur ganz wenige Menschen in ihre Geheimnisse eingeweiht hatten weil sie wahrscheinlich befürchteten, die Menschen könnten ihnen ihr Wissen streitig machen. Wenn ich das richtig verstanden hatte, dann gab es binnen weniger Jahrhunderte deutlich mehr Menschen als An-Unna-Ki und ihr technologischer Fortschritt mag den Herrschaftsanspruch der An-Unna-Ki begründet haben.

»Glaubst du ernsthaft, dass sich dieses uralte Wissen – wenn es das überhaupt je gegeben hat – bis heute erhalten hat?« Ich musste das Schweigen einfach brechen.

»Es haben sich Fragmente davon erhalten«

Robert schien ganz froh zu sein, dass er wieder ein Thema bekam über das er reden konnte.

»Es ist so, dass die zivilisatorische Entwicklung der Menschheit nicht linear voran geschritten ist. Es gab zivilisatorisch hochstehende Kulturen, die ganz plötzlich vom Erdboden verschwanden und all ihr Wissen mitgenommen haben. Es gab tiefe Täler und hohe Gipfel in der Menschheitsentwicklung, die darauf schließen lassen, dass die Menschheit regelmäßig ihr Wissen, das sie von den An-Unna-Ki bekommen hatte, verlor und später Teile davon wieder fand. Durch welchen Umstand, ist mir völlig unklar. Vielleicht vernichteten die An-Unna-Ki selber alle Völker, die ihnen zu fortschrittlich waren; vielleicht waren aber auch Naturkatastrophen schuld.«

Er zuckt mit den Achseln.

»Deshalb begannen die Menschen, das Wissen aufzuschreiben. Die ersten schriftlichen Zeugnisse mit denen wir etwas anfangen können, sind ungefähr 5000 Jahre alt. Und die letzte Sammlung des Wissens«, er macht eine bedeutungsvolle Geste, die die ganze Welt umfassen sollte »war die Bibliothek von Alexandria.«

»Davon habe ich gehört. Pythagoras soll von dort kommen.«

»Richtig. Nicht nur er; auch Galen, der Begründer der Medizin, sowie Heron, der schon in der Antike sowohl das Maschinengewehr als auch die Dampfmaschine erfunden hatte, waren Schüler der alexandrinischen Schule.«

»Dann war die Bibliothek von Alexandria so etwas wie eine Ansammlung von An-Unna-Ki – Wissen?«

»Wahrscheinlich nicht. Diese Bibliothek wurde wahrscheinlich aufgrund des Umstandes gegründet, dass sich das An-Unna-Ki – Wissen zu dieser Zeit schon wieder langsam in Luft auflöste. Die damaligen Menschen, oder zumindest einige davon, versuchten es zu bewahren und wenigen Auserwählten zugänglich zu machen. Es wurden dort Werke aus alle Welt aufbewahrt.«

Er seufzte.

»Leider haben die Erdenker der alexandrinischen Bibliothek nicht die Nachteile einer so zentralen Wissensdatenbank bedacht.«

»Und die wären?«

»Die Möglichkeiten der einfachen Manipulation und Zerstörung.« Er klang beinahe wütend. Kurz darauf wurde mir klar, warum. Obwohl Robert gerne Bibelzitate von sich gab, war er ein erklärter Gegner von jeder Form der Religion.

»Die Bibliothek von Alexandria«, begann er, »wurde mehrfach durch die großen, monotheistischen Religionen, also Judentum, Christentum und Islam manipuliert. Wertvolles Wissen wurde geraubt und durch religiöses Pseudowissen ersetzt. Vielleicht schlummern noch immer Originalwerke dieser Bibliothek im Vatikan. Jedenfalls...«, er holte tief Luft »war es am Ende kein so großes Desaster als die Bibliothek und die an sie angeschlossene Schule von den Moslems zerstört wurde. Es gab dort ohnehin kaum noch echtes Wissen. Die Schüler der alexandrinischen Schule wären nur noch Schüler und Verbreiter der monotheistischen Spinnerlehre gewesen. Somit ist es vielleicht sogar gut, dass die Schule zerstört wurde.«

Bei den letzten beiden Sätzen hatte er die Fäuste geballt bis die Knöchel weiß hervortraten.

»Gehe ich recht in der Annahme, dass du deine Erkenntnisse über den UFO-Antrieb also nicht aus der Bibliothek von Alexandria hast?«

Er schaute mich an als sei ich geistesgestört. Dann lachte er:

»Natürlich nicht! Aber wahrscheinlich gab es dieses Wissen dort einmal....vor sehr sehr langer Zeit.«

»Warum erzählst du mir dann davon?«

»Wichtig ist zu wissen, dass die Geheimnisse der An-Unna-Ki letztendlich von Menschen aufgeschrieben wurden als sie in Vergessenheit zu geraten drohten. Was aufgeschrieben wurde kann viele Jahrhunderte oder gar Jahrtausende überdauern wenn das Speichermedium dafür geeignet ist.«

»Außerdem«, schon wieder wurde er regelrecht wütend »musst du wissen, dass sich die Menschheit gerade wieder von dem letzten zivilisatorischen Tiefpunkt erholt. Die monotheistischen Religionen haben ganze Arbeit geleistet und die Welt mit ihrem simplifizierten Weltbild überflutet. Mit ihrer Machtübernahme haben sie die Welt ins finstere Mittelalter gestoßen, wo all das alte Wissen verloren war und die Menschheit beinahe wieder ganz von vorn beginnen musste.«

»Aber die Zeit ist lange vorbei«, warf ich ein, »die Religionen haben heute kaum noch Macht und Einfluss. Niemand glaubt mehr daran, dass die Erde der Mittelpunkt des Universums ist.«

»Ja«, begann er traurig, »aber die Menschen haben auch nicht nach dem verschütteten Wissen gesucht. Stattdessen haben die Religionen ihren Nachfolger präsentiert, die Wissenschaft, die auch nicht viel besser ist, als die Religionen und niemanden neben sich duldet. Heute sind es die schwarzen Löcher, die Strings und Branes, der Urknall, der Endknall und die Evolutionstheorie, die das ehemalige, religiös geprägte Bild ersetzen. Das ist genauso unbewiesen wie die Behauptungen der Religionen und knüpft nicht an das Wissen der alten Völker an, sondern verwässert es weiter.«

»Willst du auf etwas Bestimmtes hinaus?«

»Nimm beispielsweise die Physik. Sie nimmt für sich in Anspruch, unsere Realität zu formulieren. Dabei gilt alles, was die Physik nicht formulieren kann als praktisch nicht existent. Der UFO-Antrieb jedoch basiert – wenn du so willst – auf einer erweiterten Physik. Er widerspricht der Physik nicht sondern ergänzt sie durch weitere Regeln.«

Ich wurde hellhörig. Endlich ging es wieder um den UFO-Antrieb, auf den Robert gestoßen war oder den er mühsam aus irgendwelchen Quellen zusammengetragen hatte. Da wir beinahe wieder zu Hause angelangt waren, entschied ich jedoch, meine Fragen einstweilen aufzuschieben. Ich wollte derlei Dinge nicht zwischen den neugierigen und vielleicht herabwürdigenden Einwürfen meiner Frau und meiner Kinder diskutieren. So zwang ich mich, trotz bohrender Ungeduld, die Diskussion auf einen späteren Zeitpunkt zu vertagen.

Vom Haus her geriet uns bereits ein herrlicher Grillgeruch in die Nase und aus dem Garten sah ich graue Rauchwolken aufsteigen.

»Ich hoffe du hast Hunger«, beendete ich die Diskussion um UFO-Antrieb, Physik und altem Wissen einstweilen.

»Und wie!« Er grinst mich an und rieb sich den unübersehbaren Bauch, den er fast zwei Stunden lang tapfer vor sich her geschleppt hatte.

Die Wette

Gegen 23:00 Uhr, nachdem die Kinder endlich zu Bett gegangen waren und auch Ina sich mit einem Kuss verabschiedet hatte, nahm ich die Diskussion wieder auf.

Robert hatte ganze drei T-Bone-Steaks und unzählige Bratwürstchen verdrückt, dabei mehrere Flaschen Bier in sich hinein geschüttet und flezte sich nun wohlig und mit zufriedenem Gesichtsausdruck auf dem Sofa. Trotz der beachtlichen Menge an Alkohol, die er getrunken hatte, schien er kein bisschen betrunken zu sein.

»Was meintest du eigentlich mit physikalische Ergänzung?« nahm ich das Thema wieder auf.

Statt einer Antwort kramte er wieder in seinem Karton bis er gefunden hatte wonach er suchte. Triumphierend hielt er einen kleinen Gegenstand hoch, der mir gut bekannt war. Er war zentraler Gegenstand einer Wette gewesen, einer Wette zwischen mir und dem Großvater von Bernd, einem weiteren Freund aus Kinder- und Jugendtagen.

Die Geschichte begann als ich, ungefähr achtjährig, in einer wilden Mülldeponie nahe dem Campingplatz wo unser Wohnwagen stand, einen kleinen runden Magneten fand. Obwohl ich Magnete schon kannte, hatte ich doch noch nie selber einen besessen. Ich war fasziniert davon, dass er immer und immer wieder Groschen anzog und sie mit so unglaublicher Kraft festhielt, dass ich sie nur mit Mühe wieder lösen konnte, ohne dass er dabei schwächer wurde. Wenn ich meinen Kassettenrekorder häufig einschaltete, waren alsbald die Batterien leer und mussten ersetzt werden. Bei dem Magneten war das scheinbar anders. Er zog und zog und zog und zog immer wieder Münzen an, hielt sie fest und wurde einfach nicht schwächer.

Es war Robert, der irgendwann, nachdem wir den Magneten an alle möglichen Stahlteile geheftet und alle möglichen Stahlteile, von Nägeln über Schrauben bis hin zu Unterlegscheiben an ihn geheftet hatten, ohne dass er an Kraft verloren hätten, meinte, wir hätten vermutlich eine neue Kraft gefunden, die sich niemals aufbrauchen würde und die man deshalb ewig nutzen können. Er schwärmte davon, was man alles mit dieser

Kraft anstellen können, Kassettenrekorder oder Autos antreiben zum Beispiel.

In unserer Phantasie malten wir uns eine Welt aus in der alles durch die von uns entdeckte Magnetkraft angetrieben wurde. Sogar Flugzeuge brauchten keinen Treibstoff mehr denn sie flogen mit Magnetkraft.

Robert erfand den Ausdruck »Magnetenergie«, den wir fortan alle benutzten.

Als wir unsere »Erfindung« dann aber stolz unseren Eltern vorstellten, erlebten wir eine herbe Enttäuschung.

»Das haben schon andere versucht«, hatte mein Vater gesagt.

»Das funktioniert nicht«, hatte Roberts Vater mit einem überheblich milden Lächeln gesagt.

Nur Bernds Großvater hatte uns erklärt, warum es seiner Meinung nach nicht funktionieren konnte. Er erklärte uns, dass der Magnet, den wir in Händen hielten, zuerst hergestellt werden müsse und dass dabei sehr viel Energie hineingesteckt würde.

»Das ist«, hatte er gesagt »als ob ich einen Elektromagneten verwende, der permanent mit Energie versorgt werden muss. Was habt ihr dann gewonnen? Die Energie muss doch auch irgendwie hergestellt werden und da ist es vollkommen egal, ob sie zuerst durch Verbrennung von Kohle in Strom umgewandelt wird um damit einen Magneten zu erzeugen oder ob die Energie durch Verbrennung von Kerosin oder Benzin erzeugt wird.«

Dann hatte er einen Elektromagneten mit uns gebaut und ihn an eine Batterie angeschlossen. Mit großen Augen beobachteten wir wie die grob zurecht gebogene Drahtspule plötzlich Büroklammern anzog als sei sie ein Magnet.

»Wenn ich den Energiefluss aber abschalte«, dabei klemmte er eines der beiden Kabel von der Batterie ab »ist Schluss mit Anziehungskraft.«

Die Büroklammer fiel auf den Tisch zurück.

Dann aber tat er etwas, was ihn schlussendlich ein riesiges Eis für jeden von uns kostete: Er schlug uns eine Wette vor.

Er holte eine große, verzinkte Metallplatte aus seinem Schuppen, bohrte Löcher in alle vier Ecken und schraubte sie an die hölzerne Innenwand seines Schuppens. Dann holte er ein ziemlich dickes Sperrholzbrett und zersägte es in zwei gleich große Teile. Eines der Brettchen heftete er mit meinem Magneten an die Stahlplatte. Das Brett war so dick, dass der Magnet es so gerade eben an seinem Platz halten konnte. Wenn man ihn mit der Hand vom Brett nahm, spürte man kaum noch etwas von seiner Anziehungskraft.

Dann kramte er aus einem alten Küchenschrank, der ihm als Vorratsschrank diente, eine Rolle Kupferdraht, die er sorgfältig um einen dicken Stahlbolzen wickelte. Er wickelte und wickelte und wickelte bis das ganze Teil über und über mit sauber nebeneinander- und übereinanderliegenden Kupferdrähten bedeckt war. Von der gleichen Sorte baute er noch drei weitere Exemplare.

Dann brachte er mehrere Autobatterien zum Vorschein und begann damit sie aufzuladen. Als das geschehen war, verkabelte er sie und verband sie schlussendlich mit den umwickelten Eisenbolzen.

»Ich kann natürlich nur schätzen, wie viel Energie einmal in diesen Magneten investiert wurde«, begann er »und meine Elektromagnete sind natürlich schwerer als euer Permanentmagnet außerdem wird wahrscheinlich ein bisschen der Energie aus den Batterien auf dem Weg zu den Magneten verloren gehen aber ich wette trotzdem um ein Eis für jeden, dass meine Magnete das Brett genauso lange – wenn nicht sogar länger an der Stahlplatte festhalten wie euer Permanentmagnet.«

Dabei heftete er seine drei Spulen, die er mit Isolierband zusammengeklebt hatte, an das zweite Brett.

Ich betrachtete meinen Magneten. Er hatte nicht das kleinste Bisschen an Kraft eingebüßt seitdem ich ihn hatte, zumindest glaubte ich das. Wenn Bernds Opa allerdings recht hatte, dann verlor er ständig an Kraft je länger er damit beschäftigt war, das schwere Holzbrett an der Stahlplatte zu halten. Auch die Batterien von Bernds Opa verloren ständig an Energie aber – aus welchem Grund auch immer – war Bernds Opa überzeugt davon, dass mein Magnet schneller »leer« sein würde als seine Batterien. Der Gedanke, dass mein Magnet seine Kraft einbüßen sollte, gefiel mir ganz und gar nicht aber ich machte mit weil Robert lapidar meinte: »Der verliert die Wette und zwar haushoch.«

Ich habe keine Ahnung wie er zu dieser Erkenntnis gelangt war oder ob er nur nicht von seiner »Magnetenergie« ablassen wollte. Fest steht nur, dass er recht behielt.

Nach zwei Stunden schauten wir das erste mal nach den Magneten. Beide hingen noch dort wie zu Beginn der Wette. Am nächsten Tag schaute ich – noch vor der Schule – bei Bernds Opa vorbei, der mir, im Schlafanzug und ziemlich mürrisch, den Schuppen öffnete damit ich einen kurzen Blick hineinwerfen konnte. Noch immer hingen beide Magnete unverändert an ihren Plätzen.

Vier Tage später und unzählige kurze Blicke in den Schuppen später jedoch war der Elektromagnet abgefallen. Auch das Holzbrett lag logischerweise am Boden. Wir hatten unsere Wette gewonnen. Bernd war der einzige, der nicht so recht wusste, ob er mit uns jubeln oder seinen Opa bemitleiden sollte.

»Hab' mich wohl ein wenig verrechnet«, murmelte dieser und lud uns, wie versprochen, zu einer Riesenportion Eis ein. Während wir aßen versuchte er uns begreiflich zu machen was aus seiner Sicht schief gelaufen war und warum er eigentlich hätte gewinnen müssen. Demnach hatte er einfach nur die Energie, die bei der Magnetisierung meines Magneten aufgewendet worden war, sowie auch das Gewicht seines eigenen Magneten unterschätzt.

»Normalerweise hätte eurer zuerst runter fallen müssen...oder doch zumindest beide ungefähr zur gleichen Zeit.«

Um seine Behauptung zu bestätigen bat er mich, den Magneten noch ein paar Stunden hängen zu lassen bis auch er heruntergefallen sei. Aus diesen paar Stunden wurden zuerst ein paar Tage, dann ein paar Wochen bis ich ihn nach 5 Wochen zurückverlangte. Er hing noch immer an der gleichen Stelle und als ich ihn abnahm, spürte ich noch immer die ganz schwache Kraft, die ihn gegen das Holzbrett drückte.

»Ich hab's doch gesagt«, triumphierte Robert als wir nachmittags wieder einmal Groschen auf den Magneten klickten, die noch immer mit der gleichen, unglaublichen Kraft angezogen wurden und kaum von ihm zu lösen waren »das ist eine andere Kraft als die von der Bernds Großvater gesprochen hat. Die ist immer da. Man muss sie nur irgendwie dort herausbekommen.....«

Raumenergie oder Magnetenergie?

»Man muss sie nur dort herausbekommen...«, murmelte ich versonnen.

»Was?«

»Das hattest du damals gesagt. Man müsste die Kraft, die immer im Magneten sei, nur von dort herausbekommen.«

»Ja, stimmt. das hatte ich gesagt.«

»Und? Hast du es geschafft?«

Er rieb nachdenklich sein Kinn als er antwortete

»Das ist nicht ganz so einfach wie ich mir das damals vorgestellt hatte. Die Kraft, die ich damals meinte steckt nämlich gar nicht in dem Magneten selbst, weißt du...?«

»Nicht? Und wo steckt sie dann?«

»Ein Permanentmagnet ist eigentlich nur so eine art...hmmm...«, er suchte nach den richtigen Worten, schien aber keinen passenden Begriff zu finden und sagte dann eher widerstrebend, »Katalysator«. »Obwohl das nicht die kompletten Funktionen von Permanentmagneten einschließt. Permanentmagnete ziehen sozusagen diese Kraft an, die ich damals meinte. Besser könnte man allerdings sagen, dass sie diese Kraft steuern und lenken wie Relais in der Elektronik.«

Ehrlich gesagt, verstand ich nur Bahnhof.

»Wie muss ich mir das vorstellen?«

»Okay«, er war aufgestanden und hatte die Arme ausgebreitet, »nehmen wir mal für einen kurzen Moment an, es geben neben der Energieform, die wir als Strom oder Elektrizität bezeichnen, noch eine weitere, sehr ähnliche Energieform, die das gleiche kann wie Strom und sogar noch mehr...«

»Ja?«

»Dann wären Permanentmagnete so etwas wie Bauteile einer Schaltung, die auf dieser Energieform beruht.«

»Und du glaubst, dass es diese Energieform gibt?«

»Ich *weiß* es«, sagte er mit absoluter Bestimmtheit, »und eigentlich ist es ein ziemlich offenes Geheimnis, dass es diese Energieform gibt.

Der Grund, warum sie weder erforscht noch eingesetzt wird heißt Öl und Macht.«

»Und wie heißt diese Energieform?« Ich war ehrlich gespannt, ob er wieder allem und jedem einen eigenen Namen gegeben hatte.

»Sie hat keinen einheitlichen Namen«, gab er zu meiner Überraschung zurück, »die einen nennen sie Raumenergie, andere bezeichnen sie als Magnetstrom, die Sumerer nannten sie Ma-Ka'a-Ra«.

Ich spürte, wie sich langsam alles in meinem Kopf drehte; nicht nur aufgrund der vielen Neuerungen, die mir Robert eröffnete (und von deren Richtigkeit ich keineswegs überzeugt war), sondern auch wegen der sechsten Flasche Bier, die sich ihrem Ende zuneigte. So sehr ich die Unterhaltung mit Robert auch weiterführen wollte – ich konnte ihm nicht mehr folgen. Es war mir außerdem peinlich, dass sich ein leichtes aber unüberhörbares Lallen in meine Fragen geschmuggelt hatte. So schlug ich Robert vor, die Unterhaltung am nächsten Morgen nach dem Frühstück fortzusetzen.

Ich sah wie er sich beinahe auf die Zunge biss um das, was er mir offenbar noch alles erzählen wollte, zunächst unausgesprochen zu lassen. Er platzte förmlich vor Wissen, das er mit mir teilen wollte und sah sich nun genötigt, es noch für eine ganze Nacht bei sich zu behalten. Dennoch willigte er sofort ein und kramte – diesmal erstmalig in seiner Reisetasche und nicht in seinem alten Pappkarton – nach seinen Toilettenartikeln. Mit der Zahnbürste bewaffnet ließ er sich von mir den Weg zum Bad und zum Gästezimmer beschreiben, wünschte mir eine gute Nacht und dackelte ab.

»Nacht Robert«, erwiderte ich und begab mich meinerseits auf den Weg zum Schlafzimmer wo ich mir – ganz gegen meine üblichen Gewohnheiten – den Wecker auf 7:00 Uhr stellte.

Ein Mann namens Coler

Am nächsten Morgen kämpfte ich kurz mit meinem inneren Schweinehund, der unbedingt noch liegen bleiben wollte. Wer steht schon am Sonntag morgen um 7:00 Uhr auf? Ich hatte jedoch einen guten Grund, so früh aufzustehen wobei dieser, am Vorabend noch als überaus wichtig erscheinende Grund angesichts des warmen Bettes zunehmend an Bedeutung zu verlieren schien.

Der Grund warum ich so früh aufstehen wollte war, dass ich ein wenig im Internet surfen wollte. Ich war in den Dingen, die mir Robert nach und nach erzählt hatte, nicht mehr auf dem Laufenden. Doch anders als in unserer Kindheit war es heutzutage kein Problem, sich die fehlenden Informationen ruckzuck aus dem Internet zu ziehen. Rund 70% meiner beruflichen Recherchearbeit erledigte ich üblicherweise über das Internet. Wenn man gut darauf acht gab, keinen Hoaxes aufzusitzen oder auf gezielte Falschinformation hereinzufallen, war man mit dem Internet ziemlich gut bedient

»...zumindest deutlich besser als mit dem Opa eines gewissen Bernd«, dachte ich bei mir und grinste in mich hinein. Dem hatten wir es gezeigt!

Ina und die Kinder schliefen noch. Die würden Sonntags keinesfalls vor 8.30 Uhr aufstehen. Als ich auf Socken am Gästezimmer vorbei schlich, hörte ich Robert laut und vernehmlich schnarchen. Der musste wahrscheinlich geweckt werden damit er überhaupt aufstand.

Während ich mich hinter das Keyboard klemmte, angelte ich gleichzeitig nach dem Einschaltknopf für den Rechner. Summen sprang er an und fuhr das Betriebssystem hoch.

Es dauerte für gewöhnlich einige Zeit bis alle Programme, die im Hintergrund liefen, geladen waren und der Kasten einsatzbereit war. In der Zwischenzeit ging ich in die Küche und kochte einen starken Kaffee.

Mit der ersten Tasse in der Hand machte ich mich dann wieder auf Richtung Rechner und stellte zufrieden fest, dass er endlich betriebsbereit war. Ich öffnete den Browser und tippe »Permanentmagnet« und »Freie Energie« in das Suchfeld weil es meiner Ansicht nach bei unseren gestrigen Gespräch, wie auch bei der wette mit Bernds Opa genau darum ging – freie Energie. Die Trefferliste war fast erdrückend. Es schienen sich doch bedeutend mehr Menschen mit der Thematik zu beschäftigen, als ich vermutet hatte. Es gab sogar mehrere Patente, die darauf aufbauten, die Kraft, die im Permanentmagnet gespeichert ist, irgendwie in nutzbare Energie umzusetzen.

YouTube hielt hunderte Videos bereit auf denen teilweise Vorrichtungen zu sehen waren, die sich scheinbar ohne zusätzliche Energiezufuhr endlos bewegten...oder doch zumindest länger, als man es erwarten würde. Es gab unzählige Hobbybastler, die sich an solchen Vorrichtungen versuchten und es gab professionelle Erfinder. Manch einer versuchte hier auch seine Erfindung, bzw. deren Konzept, zu verkaufen.

So sehr mir viele der vorgestellten Designs auch irgendwie einleuchteten, so sehr war ich gleichzeitig davon überzeugt, dass sie alle scheitern mussten. Selbst wenn es gelänge, eine Motorwelle mithilfe von Permanentmagneten in Drehung zu versetzen und auch in Drehung zu halten, so wäre dies allenfalls ein Spielzeug, da es kaum unter Last funktionieren würde.

Insbesondere zwei unterschiedliche Modelle zogen meine Aufmerksamkeit auf sich. das erste Modell bestand aus unterschiedlichen flachen Kunststoffscheiben, die parallel dicht zueinander auf einer Achse angeordnet waren. An ihren Außenseiten waren Magnete eingelassen. Man konnte die Scheiben nun so gegeneinander verdrehen, dass die Magnete immer etwas versetzt zueinander angeordnet waren. Zu meiner Verwunderung schlossen die Techniker in einem Video einen Ringmagneten um diese Scheiben und sie begannen sich mit hoher Geschwindigkeit zu drehen.

Beim zweiten Modell waren mehrere Magnete auf einer Kunststoffwalze so angeordnet, dass sie ein »V« bildeten. Diese Motoren wurden daher auch »V-Gate« genannt.

Beide Modelle schienen zu funktionieren, doch ich konnte mir beim besten Willen nicht vorstellen, warum. Nach meinem persönlichen Empfinden war das alles einfach viel zu einfach. Da suchten hochdotierte Physiker Jahrzehntelang nach alternativen Energien und ein paar Tüftler klebten einfach ein paar billige Permanentmagnete auf Plastikscheiben oder Plastikwalzen und schon war die freie Energie zu Greifen nahe?

Das war nicht vorstellbar – selbst wenn Robert mit seiner Einschätzung, dass Macht und Öl alternative Energien zu verhindern versuchten, recht behalten sollte. Derartig einfache Konstruktionen könnten von hunderttausenden Menschen nach gebaut werden. Warum sollte man sein Auto noch mit teurem Benzin betanken wenn es eine Walze mit Permanentmagneten für umgerechnet ca. 50 Euro tat? Wenn das, was hier vorgestellt wurde, tatsächlich funktionierte, dann würde es den Energiemarkt revolutionieren. Nein, es hätte den Energiemarkt bereits revolutioniert und das schon vor Jahrzehnten.

Ein Rumoren, gefolgt von schweren Schritten, schwerer, als dass sie von Ina oder den Kindern hätten stammen können, zeigte mir an, dass Robert aufgewacht und wahrscheinlich auf der Suche nach mir war.

»Ich bin hier«, rief ich über die Schulter.

»Wo?«

»Na hie-ier«

Ich hoffte inständig, dass er die richtige Tür erwischte und nicht die Tür zu Inas »Bügelzimmer«, welches genau neben meinem Arbeitszimmer lag. Dort hinein hatte ich nämlich all das Gerümpel geschafft, das sich ursprünglich im Gästezimmer befunden hatte.

»Na, hast du gut geschlafen?«

»Wie ein Baby. Was guckst du denn da?«

Er hatte wohl ihm vertraute Zeichnungen auf meinem Bildschirm entdeckt, kam mit raschen Schritten näher und baute sich hinter mir auf.

»Was willst du denn damit?«

»Die frage sollte eher lauten: Was willst *du* damit?«, gab ich die Frage an ihn zurück.

An seinem grölenden Lachen erkannte ich, dass ich wohl bei meiner, knapp einstündigen Recherche etwas mehr, als nur ein bisschen am Ziel vorbei geschrappt war.

»Neee, das ist purer Humbug, vergeudete Zeit.«

»Aber die Dinger scheinen zu funktionieren«, versuchte ich eine lahme Verteidigung meiner Recherche.

»Ja, wenn man die Videos betrachtet, fällt einem auf, dass sie oft an ganz bestimmten Punkten geschnitten sind. Das passiert immer dann, wenn der Motor, oder wie immer man diese Vorrichtungen nennen will, langsamer wird. Dann wird er wieder von Hand angeworfen und dieser Teil später raus geschnitten.«

»Das hat also rein gar nichts mit dem zu tun was du herausgefunden hast?«

»Nicht das Geringste«, versicherte er mir »sieh mal, wenn ich eine Vorrichtung bauen wollte, die mit elektrischem Strom betrieben wird, dann würde es doch auch nicht funktionieren wenn ich einfach ein paar Schalter, Relais, Lampen und Batterien einfach so zusammenwürfeln würde.«

»Stimmt, elektrische Schaltungen unterliegen gewissen Regeln. Der Strom muss beispielsweise fließen können.«

»Richtig«, lobte er mich in gespielt herablassendem Tonfall, »und genauso ist es auch wenn du magnetische Energie nutzen willst. Die unterliegt auch gewissen Regeln. Wenn du die nicht kennst und/oder einhältst dann fließt keine Raumenergie und dann tut sich absolut gar nichts.«

»Raumenergie?«

»Ja, wie soll ich diese Energie denn nennen? Ich habe sie für mich einfach Raumenergie getauft um sie nicht mit elektrischem Strom zu verwechseln. Kannst aber gerne auch Magnetstrom dazu sagen oder was dir sonst noch einfällt«

Den Begriff hörte ich zum ersten mal. Ich konnte mir rein gar nichts darunter vorstellen.

»Hat Raumenergie die gleichen Eigenschaften wie elektrischer Strom?«, wollte ich wissen.

»Naja, nicht ganz. Magnetstrom bzw. Raumenergie kann dazu genutzt werden, Arbeit zu verrichten wie elektrischer Strom. Andererseits kann dich Magnetstrom aber nicht umbringen, ganz egal wie stark er ist. Wenn du direkt mit Magnetstrom in Berührung kommst, fühlst du bloß ein leichtes Kribbeln und ein Gefühl der Desorientiertheit. Außerdem unterliegt Raumenergie anderen Regeln als elektrischer Strom. Widerstand zum Beispiel, etwa durch einen Drahtleiter, spielt beim Magnetstrom keine Rolle. Es gibt noch zahlreiche Abweichungen aber ich halte es für besser wenn ich das jetzt nicht alles auf einen Rutsch erzähle sondern immer dann wenn es wichtig ist.«

»Kein Problem. Wie bist du eigentlich darauf gekommen, dass es sowas wie Raumenergie geben könnte?«

»Aäähmm, kann ich mich erst kurz unter die Dusche hängen und mir was überziehen?«

Erst jetzt fiel mir auf, dass er in Unterhose und T-Shirt vor mir stand und dabei keinen besonders glücklichen Eindruck machte. Wahrscheinlich war er gerade auf dem Weg zu Bad gewesen als ich ihn, im Glauben, er würde nach mir suchen, gerufen hatte.

»Na klar, du weißt ja wo das Bad ist. Falls das Bad belegt ist, gibt es noch eine kleine Dusche im Erdgeschoss.«

Er marschierte los und ich machte mich sofort darüber her, alles über seinen ominösen »Magnetstrom« herauszufinden.

Anders als erwartet spuckte die Suchmaschine einige tausend Ergebnisse aus. Offenbar war seine Wortkreation doch nicht so einzigartig wie er glaubte. Schnell kristallisierte sich heraus, worum es beim Magnetstrom eigentlich ging. Man konnte mit Magneten tatsächlich Strom erzeugen. In einem YouTube-Video zeigte ein Schüler anschaulich wie das funktionierte. Er führte einen Kupferdraht, den er zu einem »U« gebogen hatte und an dessen offene Enden eine kleine Fahrradbirne gelötet war, mit dem gebogenen Teil zwischen zwei dicht nebeneinander angeordnete Permanentmagnete hindurch wobei zu meiner Verwunderung das Lämpchen regelmäßig kurz aufleuchtete.

Tatsächlich schien also Energie, ja sogar richtiger Strom in Parmanentmagneten zu stecken. Aber das schien der Physik schon lange bekannt zu sein. Dass sie diesen Strom nicht einfach nutzte und damit alle Energieprobleme auf der Welt ein für allemal löste, konnte nur damit zusammenhängen, dass es einen Haken an der Sache gab.

Aus dem Bad ertönte das Rauschen der Toilettenspülung. Wenn Robert die gleichen Marotten hatte wie ich, war er bereits mit dem Duschen fertig. Tatsächlich drang bald ein intensiver, aufdringlicher Duft eines mir unbekannten Rasierwassers ins Arbeitszimmer, dem Robert bald folgte. Ohne mich umzuwenden deutete ich auf einen freien Stuhl, rollte meinen eigenen etwas zur Seite und bat ihn, vor dem Monitor platz zu nehmen.

»Guck mal hier. Meinst du das mit Magnetstrom?«

»Ach du meine Güte. Ich hatte eigentlich gedacht, dass du bei deinem Job etwas fitter im Recherchieren wärst. Daher hatte ich ja eigentlich auch von Raumenergie gesprochen. Du hast Magnetstrom daraus gemacht«

»Dann hat das nichts mit Magnetstrom zu tun?«

»Nein. Und jetzt solltest du vielleicht mal das Internet richtig nutzen. Tipp mal folgendes ein....«

Er nannte mir eine schier endlos lange Internetadresse. Ich drückte die Enter-Taste und es erschien eine, in englischer Sprache verfasste Webseite.

»Siehst du, danach hättest du suchen sollen«, grinste er mich an.

Ich las die ersten Zeilen: »*British Intelligence Objectives Sub-Committee, Final Report # 1043. The Invention of Hans Coler, Relating to an Alleged New Source of Power.*"

Noch ganz baff von der Tatsache, dass es sich hierbei um einen britischen Geheimdienstbericht handelte, der offensichtlich eine Erfindung eines gewissen Hans Coler untersucht hatte, der scheinbar eine neue Energiequelle entdeckt hatte, drehte ich meinen Stuhl so, dass ich Robert ins Gesicht sehen konnte.

»Was zum Henker ist das und wer ist Hans Coler?«

Die Geschichte, die er mir daraufhin erzählte war an Spannung kaum zu überbieten und fesselte mich für über eine Stunde.

Zuerst ging er ins Wohnzimmer, holte seinen zerknitterten Karton und fischte ein paar zusammengeheftete Blätter heraus, die sich als Ausdruck jenes Geheimdienstberichts entpuppten, der auf meinem Monitor prangte.

Dann begann er damit, den Inhalt des Berichts zusammenzufassen und mit Aussagen und Erkenntnissen zu füllen, die er im Laufe der vergangenen Jahre im Zusammenhang mit diesem ominösen Bericht zusammengetragen hatte:

Hans Coler soll ein Kapitän zu See gewesen sein, was aber von einigen Quellen bestritten wird. Nach diesen Quellen handelte es sich um einen Physiker, dessen Name im britischen Geheimdienstbericht bewusst verfälscht wurde. Nach dem Ende des ersten Weltkrieges hatte Coler damit begonnen, auf ganz eigenwillige und unkonventionelle Weise mit verschiedenen Vorrichtungen zu experimentieren, von denen er sich versprach, dass sie so etwas wie freie Energie erzeugen würden.

Er taufte seine Erfindung Stromerzeuger. Es war eine, mit zahlreichen Wicklungen und Permanetmagneten versehene Vorrichtung, die augenscheinlich keinen Sinn zu ergeben schien, zumindest nicht aus physikalischer oder elektrotechnischer Sicht. Sie wurde mit mehreren Trockenbatterien betrieben und erzeugte deutlich mehr Strom, als sie von diesen Batterien bezog.

Als der Deutsche Coler seine Erfindung beim Reichspatentamt zum Patent anmelden wollte, lehnte dieses das Ansinnen mit der Begründung ab, es handele sich um ein Perpetuum Mobile und könne somit nicht patentiert werden.

Um das Funktionieren seiner Erfindung unter Beweis zu stellen, führte Coler sie daraufhin einem gewissen Professor M. Kloss von der Technischen Hochschule in Berlin vor, der sie eingehend untersuchte und einen Bericht über diese Untersuchung wie auch über die Ergebnisse dieser Untersuchung erstellte. Dieser Untersuchungsbericht war dem eigentlichen BIOS-Bericht, also der Untersuchung des britischen Geheimdienstes, angehängt und man hatte sich sogar die Mühe gemacht, den, ursprünglich in deutscher Sprache verfassten Text ins Englische zu übersetzen.

Kloss, der eigentlich ein Skeptiker war, war zu dem, für ihn selbst schockierenden Ergebnis gekommen, dass die von Coler vorgestellte Apparatur tatsächlich in der beschriebenen Weise funktionierte. Konsterniert schreibt er in seinem Bericht: »*Es kann einzig der Vermutung Ausdruck verliehen werden, dass das Magnetsystem die Quelle der Energie ist.*«

Kloss war der Ansicht, dass man Colers Erfindung unbedingt weiterentwickeln müsse und bemühte sich persönlich um Forschungsgelder zur finanziellen Unterstützung der weitergehenden Entwicklung des Stromerzeugers was jedoch leider nicht von Erfolg gekrönt war.

Am 19. und 20. März 1929 wurde Colers Erfindung eingehend durch den Physiker Winfried Otto Schumann, der später besonders durch die »Schuman-Resonanz« berühmt wurde und der fünf Jahre zuvor als Professor an die Technische Universität München gewechselt war, untersucht. Das Ergebnis war hier ebenfalls, dass der Stromerzeuger in der von Coler behaupteten Art funktionierte. Wie seine Berufskollegen zuvor schon, so konnte sich auch Schumann keinen Reim darauf machen, wieso.

1933 führte Coler seine Erfindung dann dem Direktor der Rheinmetall-Borsig, einem Dr. Fritz Modersohn, vor. Es handelte sich zu diesem Zeitpunkt schon um eine Weiterentwicklung seiner ursprünglichen Modelle, die eine Leistung von 70 Watt lieferte. Dieser, nach eigener Prüfung begeistert von Colers Erfindung, gründete zur Finanzierung der Weiterentwicklung des Stromerzeugers ein Unternehmen namens Coler GmbH und holte diverse private Finanziers an Bord.

Coler hatte zu diesem Zeitpunkt jedoch auch Kontakte nach Norwegen und Dänemark geknüpft und von dort ebenfalls finanzielle Unterstützung zugesagt bekommen nachdem er seine Erfindung den Physikern Prof. Bragstad aus Trondheim und Prof. Knudsen aus Dänemark vorgestellt und zur Untersuchung überlassen hatte.

Es entwickelten sich Streitigkeiten zwischen Modersohn und den ausländischen Interessenten, die schlussendlich Modersohn für sich entscheiden konnte. In der Folge bauten Coler und Modersohn 1937 für die Coler GmbH bzw. deren Investoren einen Stromerzeuger mit einer Ausgangsleistung von 6 kW.

1943 nahm Fritz Modersohn Kontakt mit dem deutschen Millitär auf. Er fand Interessenten beim Oberkommando der Kriegsmarine. Diese entsandte zunächst einen gewissen Dr. Fröhlich, der den Stromerzeuger vom 01.04.1943 bis einschließlich 25.09.1943 auf Herz und Nieren untersuchte und alles unternahm um einen möglichen Betrug seitens Coler/Modersohn aufzudecken. Als auch er eingestehen musste, dass die Apparatur tatsächlich mehr Energie ausspuckte als sie zum Betrieb benötigte, nahm das Oberkommando der Kriegsmarine daraufhin die Continental Metall AG unter Vertrag um den seltsamen Phänomenen der Apparatur auf den Grund zu gehen und auf Basis des gewonnenen Wissens eine serienreife Maschine zu entwickeln, die man möglicherweise für Hilfreich im Krieg oder der Nachkriegszeit erachtete. Die Continental Metall AG führte in den Jahren 1944 und 1945 nachweislich diverse Experimente durch, die zum Ziel hatten, die Funktionsweise der Apparatur zu entschlüsseln. Sie schien damit kurz vor dem Ziel gestanden zu haben als der Krieg mit der Niederlage Deutschlands endete.

Wie viele anderen Unterlagen auch, so wurden auch diverse Unterlagen von Colers Erfindung außer Landes geschafft. Sie landeten schlussendlich in England wo man der Sache, wie aus dem Bericht hervorgeht, nur deshalb annahm weil Colers Erfindung bei der deutschen Admiralität offensichtlich so große Beachtung gefunden hatte.

Der britische Geheimdienst beauftragt Richard Hurst mit der Angelegenheit. Dieser lud zunächst Coler und Modersohn zur Vernehmung vor. Beide wurden getrennt vernommen, zuerst Coler, dann Modersohn, welcher Colers Aussagen zu den Erfindungen bis ins kleinste Detail bestätigte.

Hurst schreibt in seinem Bericht, dass Coler selber keine schlüssigen Aussagen zur Theorie seiner Apparaturen machen konnte. Er habe jedoch angegeben, dass er herausgefunden habe, dass Ferro-Magnetismus ein oszillierendes Phänomen mit einer Frequenz von 180 Kilohertz darstelle und dass diese Oszillation im magnetischen Schaltkreis der Vorrichtung stattfinde. Die Feinabstimmungen bzw. Verbesserungen an seinen Apparaturen habe er durch Versuch und Irrtum herausgefunden.

Danach forderte Hurst Coler auf, sowohl seinen Stromerzeuger, als auch das etwas später entwickelte Funktionsmodell des »Magnetstromapparates« unter der Aufsicht des britischen Geheimdienstes nachbauen.

Coler willigte ein und schlug vor, zunächst den Magnetstromapparat zu bauen, da dieser schneller gebaut werden könne als der Stromerzeuger. Er überreichte den Leuten vom britischen Geheimdienst eine Liste mit Gegenständen, die er für den Bau benötigte. Kein einziges Bauteil, das er verwendete hatte er mitgebracht oder vorher manipulieren können.

Unter den wachsamen Augen der Agenten baute Coler dann innerhalb einer Woche den Magnetstromapparat. Die Apparatur benötigte, anders als der Stromerzeuger, keine Energiezufuhr von außen. Auf die üblichen Trockenbatterien konnte verzichtet werden. Dafür erzeugte der Magnetstromapparat nur Strom im Millivoltbereich.

Nachdem Coler die erste Apparatur fertiggestellt hatte, folgte eine längere Phase der Feineinstellung. Sechs hexagonal angeordnete und in ganz besonderer Weise mit Draht umwickelte Ferromagnete wurden einzeln auf Schiebern angebracht um ihren Abstand zueinander verändern zu können. Zum Aufbau gehörten außerdem noch zwei Kopplerspulen, ein Schalter und zwei Kondensatoren.

Um den Magnetstromapparat einzuschalten, wurde zunächst der Schalter geöffnet und die sechs Magnete voneinander entfernt. Dann wurden die Kopplerspulen in unterschiedliche Positionen gebracht wobei nach jeder Veränderung einige Minuten gewartet wurde. Geschah nichts, so wurden die Magnete weiter voneinander entfernt und die Kopplerspulen erneut justiert. Dies wurde – manchmal über Tage – so lange fortgesetzt bis ein Ausschlag am Voltmeter messbar war. Nun wurde der Schalter geschlossen und der Abstand der Magnete in winzigkleinen Schritten vergrößert wobei eine Spannungszunahme zu verzeichnen war.

Nach Aussage Colers betrug die größte, mit dem Magnetstromapparat je gemessene Spannung 12 Volt. Innerhalb der britischen Versuchsreihe geschah zunächst drei Tage lang gar nichts. Erst am vierten Tag, am 01.07.1946, als die Magnete einen Abstand von ca. 7mm zueinander hatten, registrierte man gegen 9:00 Uhr morgens einen ersten Ausschlag. Sofort wurde der Schalter geschlossen und Coler erhöhte die Spannung durch Justieren der Kopplerspule und weiteres Vergrößern der Magnetabstände auf zunächst 250 Millivolt gegen 11:00 Uhr. Gegen 12:45 waren es gar 450 Millivolt. Noch drei weitere Stunden erhöhte Coler auf diese Weise die messbare Spannung bis sich die Lötverbindung eines Drahtes löste und die Spannung langsam wieder abfiel bis sie 0 erreichte.

Nachdem der Schaden repariert war, konnte zunächst keine Spannung mehr erzeugt werden. Daher wurden die Magnete vollständig zusammengeschoben und der Versuch am 24.07.1946 fortgesetzt. Nachdem nach ungefähr 3 Stunden ein erster Ausschlag des Voltmeters zu verzeichnen war und eine Spannung von 60 Millivolt erreicht wurde, sank diese unerklärlicherweise danach wieder auf 0 zurück. Mit diesen Ergebnissen wurde der Versuch abgeschlossen.

Der Bericht bekräftigt die Umstände, dass die von Coler gebaute Vorrichtung nicht als Empfängereinheit eines Senders geeignet gewesen sei, dass auch eine Spannungszunahme durch Induktion ausgeschlossen gewesen sei. Ferner sei die gesamte Apparatur mehrfach mitsamt ihrer Grundplatte hoch gehoben, gekippt und durch den Raum getragen worden, ohne dass dies Einfluss auf die gemessenen Spannungen gehabt habe.

Der Bericht kam zu folgenden drei Schlüssen:

1. Coler sei ein ehrlicher Erfinder und keinesfalls ein Betrüger.
2. Die gemessenen Ergebnisse seien echt und entsprächen den Vorhersagen und Behauptungen Colers hinsichtlich des Magnetstromapparates. Es sei noch kein Versuch unternommen worden, dem Phänomen auf den Grund zu gehen.
3. Man wolle Colers Angebot annehmen, auch den Stromerzeuger von ihm bauen zu lassen um durch ihn möglicherweise nähere Hinweise auf die Gründe für das Phänomen zu bekommen.

Dann geht es in dem Bericht weiter mit der Vorstellung des Stromerzeugers. Im Gegensatz zum Magnetstromapparat wird dieser jedoch weitaus weniger detailliert beschrieben. Einige Zeichnungen auf die sich der Text bezieht, fehlen. Anstatt eines Versuchsberichts folgt der Appendix mit den früheren Untersuchungsberichten von Kloss, Schuman und Fröhlich, welche jeweils leichte Differenzen in ihren Beschreibungen zum Aufbau des Stromerzeugers aufweisen. Offensichtlich hatte Coler seine Apparatur ständig verbessert und ihren Aufbau überarbeitet. Andererseits vervollständigen die Beschreibungen der deutschen Berichte zum einen sich gegenseitig, aber auch den englischen Bericht und lassen einen vagen Schluss darauf zu, wie der Stromerzeuger möglicherweise einmal ausgesehen haben mag.

Es besteht nicht der geringste Zweifel daran, dass nur ein kleiner Teil des britischen Geheimdienstberichts der Öffentlichkeit zugänglich gemacht wurde. Folgt man der inneren Struktur des Berichts, endet er abrupt an jenem Punkt wo Coler den Stromerzeuger bauen und ein praktischer Versuch hätte starten sollen.

Dennoch sind einige, sehr interessante Aussagen enthalten, die wohl ursprünglich aus dem Munde Colers stammten und die hier sinngemäß wiedergegeben werden sollen. Einige von ihnen sind für das Verständnis des Magnetstroms unerlässlich.

Auf Nachfrage äußerte sich Coler zum Basisprinzip all seiner Apparaturen. Es behauptete, dass ein Elektron, wie es die Physik kenne, nicht nur ein negativ geladenes Teilchen darstelle, sondern auch den magnetischen Südpol. Er widersprach damit seinen früheren Behauptungen in denen er sich als mehr oder weniger ahnungslos dargestellt und angegeben habe, er sei mehr oder weniger zufällig und durch Versuch und Irrtum zu den Versuchsaufbauten gelangt und wisse selber nicht so recht warum seine Apparaturen funktionierten.

Er stellte ferner fest, dass sein Stromerzeuger aus mehreren Stufen bestehen müsse und umso effektiver sei, je mehr Stufen er enthielte.

Liest man seine letzte Äußerung, kann man sich bildhaft vorstellen wie der Vernehmer angesichts Colers »unwissenschaftlicher Aussagen« förmlich mit den Augen rollte. Es heißt hier:

»Coler behauptet, dass wenn normale Elektronen aus der Batterie fließen, diese Induktion erzeugen und sogenannte Raumelektronen von abstoßenden Bereichen zu anziehenden Bereichen fließen. Allerdings war ich an diesem Punkt nicht mehr in der Lage, ihm weiter zu folgen.«

Johnson

Nachdem Robert mit der Geschichte fertig war, benötigte ich erst einmal ein paar Sekunden, um überhaupt wieder einen klaren Gedanken fassen zu können.

»Und diese Raumelektronen von denen Coler sprach....«, begann ich

»sind nichts anderes als Magnetstrom«, vervollständigte Robert meinen Satz.

»Allerdings nahm Coler – wenn ich mir den Aufbau seiner Apparaturen anschaue – einen kleinen Umweg. Er nutzt den Magnetstrom, die Raumenergie also, nicht direkt, sondern nutzte ihn, um elektrischen Strom zu erzeugen. Ich nehme an, er tat das weil er nicht wusste wie man Motoren baut, die mit Magnetstrom betrieben werden können.«

»Also kann man Magnetstrom nicht dazu verwenden, normale Motoren abzutreiben?«

»Nein, alles was für elektrischen Strom ausgelegt ist, wird auch nur mit elektrischem Strom funktionieren. Alles was für magnetischen Strom ausgelegt ist, funktioniert ausschließlich mit Magnetstrom.«

»Gibt es auch ganz normale Maschinen, die mit Magnetstrom laufen oder kann man den nur für solche spacigen Sachen, wie Raumschiffsantriebe nutzen?«

»Es gibt speziell entwickelte Motoren, die mit Magnetstrom funktionieren.« Er sagte das so leichthin, als habe er bereits dutzende davon gebaut. Daher fragte ich ihn:

»Hast du mal einen gebaut?«

Die Antwort schien ihm peinlich zu sein. An seinem Gesichtsausdruck konnte ich ablesen, dass er offensichtlich noch keine dieser Maschinen gebaut hatte von denen er sprach.

»Also...ähhmm..ich selber bin noch dabei. Aber ich habe zwei solcher Motoren in Aktion gesehen. Ich wollte eigentlich erst später darauf zu sprechen kommen, denn Coler ist nicht der einzige, der mit Raumenergie herum experimentiert hatte. Einen dieser Erfinder habe ich persönlich kennenlernen dürfen bevor er starb.«

»Echt? Wen?«

»Sein Name war Howard Rory Johnson. Er hat hauptsächlich Motoren gebaut, die direkt mit Magnetstrom betrieben wurden. Sie waren viel effektiver als Colers Vorrichtungen, basierten aber auf der gleichen Physik.«

»Physik? Ich dachte, mit Physik lässt sich das nicht erklären..«

»Ich habe im Laufe der vergangenen Jahre auf der Basis von Colers, Johnsons und Jankes Aussagen etwas entwickelt was ich *erweiterte physikalische Gesetze* nenne. Sie umfassen und erklären die Funktionsweise von Magnetstrom. Wenn man.....«

»Wer ist Janke?«, unterbrach ich ihn

»Noch ein Erfinder mit offensichtlich den gleichen Kenntnissen«, er wirkte unwirsch und suchte den roten Faden, den ich ihm gerade mit meiner Zwischenfrage entrissen hatte »also wenn man diese erweiterten physikalischen Gesetze beachtet und anwendet, kann man fast alles bauen was man sich nur vorstellen kann. Man kann den Magnetstrom dazu nutzen, elektrischen Strom zu erzeugen wie Coler es tat, man kann aber auch Motoren bauen, die direkt mit Magnetstrom betrieben werden wie Johnson es tat. Und man kann Raumschiffe bauen, denn der Magnetstrom ist – anders als elektrischer Strom – in der Lage, die Gravitation zu beeinflussen.«

Uff, das war harter Tobak! Nicht nur, dass mir Robert erzählte, er habe eine Energiequelle gefunden, die praktisch unerschöpflich und kostenlos sei und mit der man alles das tun konnte was man mit elektrischem Strom auch tun kann...nein, nun erzählte er mir, diese Energie sei sogar in der Lage, die Schwerkraft zu beeinflussen.

»Wie soll das gehen?« fragte ich ihn und bemerkte dabei, dass meine Hoffnungen, Robert könne recht haben, neuerlich schwanden. Wie in aller Welt sollte es möglich sein die Schwerkraft zu manipulieren?

Robert holte tief Luft und setzte offensichtlich zu einem längeren Monolog an. Dann aber atmete er zischend aus und meinte: »Es ist noch viel zu früh, das zu erklären. Eigentlich ist diese Eigenschaft des Magnetstroms selbsterklärend. Du würdest gar nicht fragen wenn du wüsstest was Magnetstrom eigentlich ist, wo er herkommt und wie er beschaffen ist.«

»Okay, dann also später.«

Ein bisschen war ich schon von seinem Ausweichmanöver enttäuscht. Gleichzeitig war ich aber froh, meine Hoffnungen, die ich mittlerweile tatsächlich insgeheim hegte, nicht durch eine total abgedrehte und unglaubhafte Geschichte zerstört zu bekommen. Ich konnte mir beim besten Willen nicht vorstellen, wie eine Energieform, welche auch immer es sein mochte, in der Lage sein sollte, Gravitation zu beeinflussen. Das war einfach viel zu abgedreht.

Tatsächlich sollte Robert jedoch recht behalten. Als ich später mehr zu der gesamten Thematik erfuhr, fiel mir so einiges, wenn auch nicht alles, wie Schuppen von den Augen.

Doch was damals für mich galt, gilt nun auch für Sie: Noch ist es viel zu früh, darüber zu sprechen.

»Okay«, ich holte tief Luft um meine Ungeduld zu zügeln »was ist der nächste Schritt?«

Statt einer Antwort bat er mich, meinen, mit Gerümpel über und über voll gepackten Arbeitstisch, frei zu räummen und kramte wieder in seinem Karton. Er förderte etwas aus Papier hervor, das sich als überdimensional große Blaupause entpuppte. Ich erkannte mehrere Bauteile, konnte mir allerdings keinen Reim darauf machen, wie die fertige Maschine (oder was auch immer hier konstruiert wurde) aussehen würde.

»Was ist das?«

»Das ist ein Plan, den mir Johnson mitgegeben hat. Ohne die entsprechenden Hintergrundinformationen kann man das hier«, er deutete auf die zahllosen Linien, Kurven und Zahlen, » aber nicht bauen.«

»Und wenn man diese Hintergrundinformationen besitzt?«

»Dann wird daraus ein Raumschiff.«

Er hatte das so leichthin gesagt als sei es das Normalste von der Welt, mal eben ein Raumschiff zu bauen...oder auch nur zu erdenken und dann zu Papier zu bringen.

»Ach nee...«

Ich konnte mir den Sarkasmus in meiner Stimme nicht verkneifen. Robert war allerdings so sehr damit beschäftigt, weitere Schätze in seinem Karton zu suchen, dass er meinen Sarkasmus nicht einmal bemerkte.

»Ich brauche eine Gedächtnisstütze.« Triumphierend hielt er ein handschriftlich vollgekritzeltes Blatt Papier hoch. »Damit ich bei der nun folgenden Geschichte keine Fakten oder Namen verdrehe.«

Er räusperte sich und kniff dann die Augen zusammen. Offenbar konnte er seine eigene Schrift nicht entziffern. Die Geschichte, die er mir dann allerdings präsentierte, sollte beinahe die vorangegangene über Hans Coler und den britischen Geheimdienstbereicht in den Schatten stellen.

Wettlauf um verlorenes Wissen

Die Geschichte beginnt gegen Ende des 19. Jahrhunderts. Damals haben – nach ersten, überraschenden Funden – deutsche und britische Archäologen quasi um die Wette gebuddelt. Es ging um nicht weniger als um das sagenumwobene Mesopotamien.

Die Gründe für diesen, so plötzlich ausbrechenden Eifer war das Auftauchen eines Fundes, der Unglaubliches zutage gefördert hatte. Auf einem Tonfragment war ein Flugkörper abgebildet aus dem offensichtlich ein Kopf heraus schaute. Daneben und auf der Rückseite waren Zeichen in Keilschrift in den Ton gedrückt. Ein Iraker hatte es im Jahr 1880 Thomas Grünfeld, einem Reisenden aus Deutschland, für einen geringen Betrag überlassen. Dieser hielt es für eine Fälschung und betrachtete es als nettes Souvenir.

Eines Tages zeigte er das Fragment seinem Freund Alfred Krühn, einem Journalisten, passionierten Sprachkundler und Experten für vorderasiatische Sprachen soweit diese bereits als entziffert und lesbar galten. Dieser war zunächst amüsiert, geriet dann jedoch in helle Aufregung als er die Schriftzeichen zu entschlüsseln begann. Er meinte, es handele sich mit Sicherheit um keine Fälschung da die Schriftzeichen einen Sinn ergäben. Es handele sich außerdem um den Teil einer wahrscheinlich viel größeren Tontafel auf welcher sich möglicherweise eine Anleitung zum Bau und Betrieb von Flugkörpern befinde.

Er bat, das Tonfragment mitnehmen zu dürfen um es genauer untersuchen zu lassen. Dies wurde ihm gewährt. Man verabredete ein neuerliches Treffen nach Ablauf von zwei Wochen zwecks Rückgabe des, nun doch offensichtlich wertvollen, Artefaktes an Grünfeld.

Zu dieser Rückgabe kam es nicht. Grünfeld wartete vergeblich in dem Café in dem er sich mit Krühn verabredet hatte. Nachdem er eine, in seinen Augen ausreichend lange Zeit gewartet hatte, verließ er das Café. Als es ihm in den kommenden zwei Tage immer noch nicht gelungen war, mit Krühn in Verbindung zu treten, wandte er sich schließlich an die Polizei. Statt bei der Aufnahme seiner Anzeige fand er sich jedoch unvermittelt in einer Vernehmung wider und erfuhr auf diese Weise, dass Krühn in seiner Wohnung erschlagen aufgefunden worden war.

Nachdem er den Polizisten die Ereignisse der letzten Tage mitgeteilt hatte, erkundigte er sich nach seinem Tonfragment. Er erfuhr, dass man weder bei der Leiche noch in deren Wohnung einen derartigen Gegenstand gefunden habe.

Fast ein Jahr lang geschah nichts. Der Mörder Krühns wurde nie gefunden.

1898 wurde in Berlin die Deutsche Orient-Gesellschaft gegründet, zu deren Mitglieder illustre Namen, wie er der des Deutschen Kaisers Wilhelm II oder Franz von Mendelssohn, einem Privat-Bankier, zählten. Die Gesellschaft verfolgte nur einen Zweck: Die Förderungen von groß angelegten Ausgrabungen im Süden des Irak. Eile war geboten, denn Franzosen und, insbesondere, Briten waren bereits vor Ort.

Noch im gleichen Jahr entsandte die Deutsche Orient-Gesellschaft Robert Koldewey. Da man nicht sicher war woher das Tonfragment stammte, besuchte Koldewey zunächst die erfolgversprechendsten Orte Aššur, Larsa, Ninive und Uruk, entschied sich dann jedoch für Babylon. Bereits 1899, nur ein Jahr nach Gründung der Deutschen Orient-Gesellschaft, welche die Finanzierung übernahm, begann Koldewey mit den Grabungen.

Unzählige Fragmente wurden zutage gefördert und neben den offiziell katalogisierten Fundstücken, wanderten zahlreiche Artefakte in die Obhut einflussreicher Mitglieder der Deutschen Orient-Gesellschaft. Innerhalb von zwei Jahren fand man vier weitere Fragmente der Tontafel, die damit zu annähernd 20% wiederhergestellt und entziffert werden konnte. Wie durch ein Wunder handelte es sich um Fragmente, die – mit einer Ausnahme – nebeneinander passten.

Koldeweys, eigentlich auf nur fünf Jahren beschränkter Vertrag wurde wieder und wieder verlängert weil man die Befürchtung hatte, britische Archäologen könnten in den Besitz weiterer Fragmente gelangen.

Die Ausgrabungen kamen erst mit der Besetzung Bagdad durch britische Truppen 1917 im Verlaufe des Ersten Weltkrieges zum Erliegen und wurden anschließend nicht wieder aufgenommen.

Man hatte jedoch insgesamt noch eine unbezifferte Menge weiterer Fragmente ausgraben können und war sicher, die Tontafel sinngemäß übersetzen zu können. Gleichzeitig befürchtete man, britische Ärchäologen, die nun ungehindert auf den Spuren Koldeweys graben konnten, würden aus den, sicherlich noch irgendwo verborgenen, Reststücken ebenfalls in den Besitz jenes Wissens gelangen, das die Tontafel offenbar barg. Möglicherweise wäre eine vollständige Übersetzung nur durch eine Verbindung der Fragmente beider Staaten möglich...Fragmente einer Tontafel, die es offiziell gar nicht gab und über die man sich auf diplomatischer Ebene nicht verhandeln konnte.

So versuchte man, zumindest jene Teile zu übersetzen, die man besaß und stieß dabei auf unvorhergesehene Hindernisse. Offenbar reichte der übersetzbare Wortschatz der bekannten Idiome nicht aus, um die Texte vollständig zu entziffern. So wurden Kopien davon angefertigt und an solche Leute weitergegeben, von denen man sich Hilfe bei der Übersetzung versprach.

Eine jener Kopien landete schlussendlich über Felix Ehrenhaft bei Hans Coler. Ehrenhaft hatte bereits mehrere Anmerkungen hinzugefügt, konnte sich jedoch letztendlich keinen Reim darauf machen was als vorläufiges Endergebnis herauszukommen schien.

Coler, der vermutlich niemals offizieller Empfänger einer jener Kopien hätten sein sollen, ging ganz anders an das Problem heran, nämlich mit dem Enthusiasmus eines Erfinders und Türftlers. Die Lücken in der Übersetzung füllte er durch Probieren statt einer wissenschaftlichen Vorgehensweise. Auf diese Weise gelang es ihm, einige der grundlegenden Eigenschaften jener Apparaturen, für die er später bekannt wurde, heraus zu filtern. Bereits wenige Jahre nach Beginn seiner Tätigkeit konnte er erste Erfolge verzeichnen. Als er seine Erfindung zum Patent anmelden wollte, registrierte man irritiert, dass das, so mühsam geheimgehaltene Wissen nun offenbar veröffentlicht werden sollte und lehnte das Ansinnen – trotz mehrfacher Gutachten, die die Funktionalität von Colers Erfindungen beweisen – als Perpetuum Mobile, also als ein Gerät, das, einmal in Gang gesetzt, für immer in Bewegung bleibt, und somit etwas, das Colers erste Erfindung nachweislich nicht war, da sie auf eine externe Stromversorgung angewiesen war, ab.

Etwas später kamen die NSDAP und Adolf Hitler an die Macht und zumindest ein Teil der Staatsführung hatte Kenntnis von jener Tontafel bzw. den unvollständigen Geheimnissen die sie barg und deren Verwalter die Deutsche Orient-Gesellschaft war.

Das Regime befürchtete, die Unterlagen könnten möglicherweise außer Landes geschafft werden, da zahlreiche hochrangige Mitglieder der Deutschen Orient-Gesellschaft Juden waren.

Kurzerhand ließ man die Gesellschaft verbieten und leitete alle Unterlagen, derer man habhaft werden konnte, der 1918 gegründeten Thule-Gesellschaft zur weiteren Erforschung zu.

Hand Coler wurde Fritz Modersohn zur Seite gestellt, der unter anderem verhinderte, dass Coler sein Wissen nach Norwegen verkaufen konnte und der später Kontakte zur Admiralität der Wehrmacht herstellte um Colers Erfindung kriegstechnisch auswerten zu können. Da Coler jedoch nur einen kleinen Teil der Informationen hatte entschlüsseln können bzw. das fehlende Wissen durch Intuition und Ausdauer ersetzt hatte, was ihm letztendlich mehr schlecht als recht gelang, versuchte die Führung des Dritten Reiches die fehlenden Informationen aus anderen Teilen der Welt zu beschaffen. Man war mittlerweile zu der Erkenntnis gelangt, dass die Aktivitäten der Urheber des Wissens, jene An-Unna-Ki von denen zahlreiche, ebenfalls ausgegrabene Tontafeln berichteten, keineswegs nur auf das Zweistromland beschränkt gewesen waren. Vielmehr hatten sie in nahezu jeder Frühkultur dieser Erde ihre Spuren hinterlassen, wenn auch unter sehr unterschiedlichen Namen und Bezeichnungen.

Insbesondere die Veden sowie die Mahabharata und die Ramayana, alte, in Sanskrit aufgezeichnete Texte der Hindus, hatten es den Nationalsozialisten angetan. Denn hier wurden ganz besonders sogenannte »Vimanas« beschrieben, himmlische Gefährte (also Flugzeuge), mit denen die Götter durch den Himmel reisten.

Aber auch nach Tibet und in andere teilweise sehr entlegene Gebiete der Erde wurden Menschen entsandt deren Aufgabe es war, alles zu sammeln was auch nur im Entferntesten mit der Thematik in Verbindung stehen könnte und es so schnell wie möglich nach Deutschland zu verfrachten.

Parallel dazu wurden die absurdesten Entwicklungen vorangetrieben. Helikopter, deren Rotorblätter auf halber Höhe der Kanzel angebracht waren und ihnen so das Aussehen von UFOs verlieh, seltsame Entwicklungen der unterschiedlichen Erfinder, wie etwa eine Vorrichtung des österreichischen Försters Victor Schauberger, die ursprünglich einmal eine Heizung werden sollte, aber fatale Ähnlichkeit mit einem Miniatur-UFO hatte, wurden untersucht und getestet. Es wurden Düsentriebwerke und sogar Plasmatriebwerke entwickelt und – glaubt man einigen Quellen – so experimentierte man sogar mit der Atomenergie als Antriebskraft für UFOs.

Es entstanden geheime Forschungslabore in denen man fieberhaft versuchte, die fehlenden Bruchstücke, von denen man vermutete, dass sie in die Hände der Briten gelangt waren, mit wissenschaftlichen und halbwissenschaftlichen Methoden zu ersetzen. Als das nicht funktionierte, probierte man es sogar mit pseudowissenschaftlichen, ja sogar esoterischen Methoden, was – wie man sich denken kann – natürlich ebenfalls scheiterte.

Als der Zweite Weltkrieg nach anfänglichen Siegen eine immer schlechtere Wendung für Deutschland nahm und kein nennenswerter Erfolg in Aussicht war, wurden viele Ingenieure, die bislang an UFO-Technologie arbeiteten, zur Entwicklung konventioneller, wenn auch fortschrittlicher, Technologie abgezogen. Wernher von Braun beispielsweise, der zuvor noch kugelförmige Raumschiffe gezeichnet und über Raumenergie philosophiert hatte, war nun maßgeblich an der Entwicklung der A4-Rakete beteiligt. Karl Hans Janke, der während des Krieges an geheimen Forschungsprojekten beteiligt gewesen war, wurde aus gesundheitlichen Gründen aus dem Dienst entlassen und kurz nach Kriegsende – bis zum Ende seines Lebens – aufgrund fragwürdiger psychiatrischer Gutachten wegen »zwanghaftem Erfinderwahns« in einer psychiatrischen Klinik ruhig gestellt. Er fertigte in diesen Jahrzehnten unzählige Zeichnungen und Modelle an, wurde aber letztendlich aufgrund seines Stigmas des geistig kranken Spinners nicht ernst genommen. Auch zu Jankes Wortschatz zählte der Begriff der Raumenergie, mit deren Hilfe er einen Teil seiner Erfindungen, darunter Raumschiffe, antreiben wollte.

Währenddessen nahm der englische Geheimdienst seine Chance wahr, die fehlenden Teile des Puzzles endlich – nach so vielen Jahren

– zu bekommen indem sie Coler vernahm und seine Erfindungen genauestens prüfte. Ob man letztendlich hinter das Geheimnis kam ist unklar. Sicher scheint allerdings, dass der sogenannte BIOS-Report, der das Verfahren dokumentiert, unvollständig ist und dass die fehlenden Teile sicherlich bedeutend interessanter sein dürften als jener kleine Teil, der, Jahrzehnte nach dem Vorfall, der Öffentlichkeit aufgrund eines Gesetzes zugänglich gemacht werden musste.

Wie das Wissen in die USA und letztlich zu Howard Johnson gelangt ist, ist nicht gänzlich geklärt. Fakt ist jedoch, dass Johnson schon sehr früh Kenntnisse von dieser unvollständigen Technologie bekam. Wie Hans Coler, so war auch Johnson eher ein Tüftler und Erfinder, der Physik Physik sein ließ wenn ihm gewisse Begrenzungen nicht einleuchten wollten und der manchmal auch seinem Instinkt folgte. In gut dreißig Jahren hatte er auf Basis lückenhafter Informationen das geschafft was Hitlers Spezialisten vergeblich versucht hatten: Er hatte nicht nur einige wenige Apparaturen entwickelt von denen er selber nicht so genau wusste warum sie funktionierten, er hatte auch das Prinzip hinter dem Ganzen weitgehend verstanden und konnte es anwenden.

Johnson baute mehrere Motoren auf Basis dieser Technologie. Er entwarf komplexe Maschinen bis hin zum Prototypen eines Raumschiffes.

Johnson starb unerwartet auf unerklärliche Weise nachdem er seine Werkstatt überhastet ausgeräumt und alle Beweise vernichtet hatte. Es gibt Stimmen die behaupten, Johnson sei den Profiteuren des Erdöls, allen voran der OPEC, ein Dorn im Auge gewesen; er habe zu viel gewusst und es sollte sichergestellt werden, dass er dieses Wissen nicht weiter gab.

Sollte es diese dunklen Kräfte tatsächlich geben, so haben sie ihr Ziel allerdings verfehlt, denn sie verhinderten nicht die Weitergabe von Johnsons Wissen sondern erreichten lediglich, dass seine zukünftigen Hüter in den Untergrund gingen. Von nun an veröffentlichte man seine Ergebnisse nicht mehr – allenfalls (später) anonym im Internet.

Johnson hatte seine Unterlagen und weitergehende Informationen kurz vor seinem Tode an wenige Menschen geschickt, die mit ihm in Kontakt gestanden und Interesse an seiner Arbeit gezeigt hatten. Eine dieser Personen, die von Johnson sozusagen dessen Vermächtnis erhielten, war Robert. Auf diese Weise war ein Wissen, um das sich geheime Kräfte aus mindestens drei großen Nationen stritten und das von Robert Koldewey zu Beginn des 20. Jahrhunderts, des verfluchten Jahrhunderts zweier Weltkriege, ausgegraben worden war, letztendlich über viele Stationen und mehrmalig ergänzt, zu Robert gelangt. Und nun sollte ich ebenfalls teilhaben an diesem Wissen.

Goldtafeln

»Und? Glaubst du, dass Johnson von der OPEC ermordet wurde?« fragte ich ihn nachdem ich ein paar mal tief durch geatmet und die Geschichte hatte sacken lassen. Er antworte nicht gleich. Die Frage schien er selbst für sich noch nicht abschließend beantwortet zu haben.

»Ich halte das für unwahrscheinlich«, meinte er schließlich. »Sieh mal, alle Welt tut immerzu so, als seien Benzin, Kerosin, Diesel und Heizöl die einzigen Produkte, die man aus Erdöl herstellt. Tatsächlich ist das Quatsch. Unzählige Produkte, angefangen bei Textilien über Desinfektionsmittel bis hin zu Kunststoffen und sogar Waschmittel werden aus Erdöl hergestellt. Letztendlich würde denen nur ein Geschäftszweig wegbrechen wenn niemand mehr ihren Treibstoff kauft. Pleite gehen würden sie deshalb aber vermutlich eher nicht.«

»Es ist aber auch nicht wirklich wichtig«, beendete er diesen Teil unseres Gesprächs mit einer Nachdenklichkeit, die mich nicht weiter auf diese wilde Verschwörungstheorie eingehen ließ. Es war immer leicht, sofort an eine Verschwörung zu glauben wenn die Interessen mächtiger Konzerne, ja ganzer Staaten von kleinen Erfindern ins Wanken gebracht wurden und diese kleinen Erfinden dann unerwartet verstarben. Aber es sterben ständig Menschen und viele davon sterben unerwartet.

Ich starrte auf die Blaupause. Sie sah so aus wie man sie sich gemeinhin vorstellte, nämlich blau, fleckig und alles andere als leicht lesbar. Heute würde man eine solche Kopie wohl mit modernen Druckern herstellen. Ich schloss daraus, dass diese Blaupause wohl schon ziemlich alt war.

»Wie alt ist die?«, fragte ich ihn daher einfach.

»Keine Ahnung, wie alt genau. Johnson hatte mehrere davon. Wahrscheinlich hat er sie nicht selber angefertigt, sondern so bekommen.«

»Wer hat eigentlich die anderen Kopien bekommen?«

»Ich weiß nur von einem«, Robert wirkte plötzlich nachdenklich, »Sein Name ist G.O. (Anmerkung: Name wurde hier anonymisiert) und er hat sie meiner Ansicht nach nicht verdient.«

»Wieso nicht?«

»Esoteriker!«

Robert spuckte das Wort förmlich aus. Ich wusste, dass er Esoteriker genauso wenig leiden konnte, wie offiziell anerkannte Religionen. Und mir ging es, genau genommen, nicht anders. Daher brummte ich nur ein zustimmendes: »Aha.«

Damit war dieser Teil des Themas beendet. Offenbar wusste selbst Robert nicht wo sich die restlichen Kopien befanden oder in welche Hände sie gelangt waren.

»Johnson war nicht dumm«, brummte er, »er hat sie garantiert niemandem zugeschickt, der das Wissen unter Verschluss hält oder für seine eigenen Zwecke ausnutzt.«

»Verstehe.«

Ich wusste tatsächlich, was er meinte. Robert mochte vieles sein aber eines war er ganz sicher nicht: Eigennützig. Er war nie an seinem eigenen Vorteil auf Kosten anderer interessiert und diese Charaktereigenschaft hatte sich offenbar in all den Jahren nicht geändert. Nach wie vor würde Robert sein Wissen sofort mit der ganzen Welt teilen wenn er es denn irgendwann einmal bestätigt fand. Und genau da war der Punkt: Offenbar verfügte er zwar über dieses Wissen, konnte es aber noch nicht umsetzen. Und das schien ihm einige Kopfzerbrechen zu bereiten. Wahrscheinlich hatte er mich deshalb aufgesucht. Er hoffte wohl, an unsere frühere Zusammenarbeit anknüpfen zu können, fand mich nun aber, sicherlich sehr zu seinem Leidwesen, als Realisten vor, der ich geworden war.

»Okay«, versuchte ich die eigentliche Diskussion wieder in Gang zu bringen, »du hast also diesen Plan bekommen. Und wie ging es dann weiter?«

Hoffnung blitzte in Roberts Augen auf und sie war nicht ganz unberechtigt. Ich war zwar noch immer der Ansicht, dass er sich in eine Idee verrannt hatte, die am Ende in eine Sackgasse führen würde, aber ich konnte nicht verleugnen, dass mein Interesse geweckt war. Zumindest, so nahm ich mir insgeheim vor, wollte ich Roberts Quellen überprüfen sofern das möglich war. Doch davon musste er nicht unbedingt Kenntnis haben. Es hätte ihn nur verletzt.

»Es stellte sich heraus«, begann er mit ungebrochenem Eifer, »dass Johnsons Pläne nicht vollständig waren. Er hatte sie zwar irgendwie umsetzen können aber wie er das machte und was er den Plänen hinzufügte um seine Maschinen zum Laufen zu bringen, weiß offenbar niemand.«

»Liefen sie denn?«

Schon wieder keimte der Zweifel in mir auf und musste raus; ganz gleich, ob es Robert nun verletzte oder nicht. Ich war nicht gewillt einer fixen Idee hinterher zu laufen, die noch nie funktioniert hatte.

»Ich habe sie selber gesehen«, sagte Robert und seine Augen glänzten dabei. »Sie funktionierten.«

Roberts Wort reichte mir. Ich ahnte, dass ich bei meinen Recherchen keine zweifelsfreie Verifikation finden würde, doch wenn Robert mir ins Gesicht sagte, dass er Johnsons Apparaturen gesehen hatte und dass sie funktioniert hatten, dann war das für mich Verifikation genug. Robert war kein Dummkopf. Man konnte ihn nicht mit Taschenspielertricks hinters Licht führen. Er wird diese Apparate auf Herz und Nieren geprüft haben bevor er sich zu dieser Aussagen hinreißen ließ.

»Und wie geht es dann weiter?« wollte ich von ihm wissen, denn offenbar reichten seine Pläne ja nicht aus, um Johnsons Maschinen nachzubauen.

»Die Geschichte ist noch gar nicht zu ende«, grinste er und erzähle den Rest.

Robert hatte schon vor einigen Monaten nach Mitstreitern gesucht, denen er seine Teile der Pläne anvertrauen konnte und die im Gegenzug weitere Teile hinzu steuern würden. Allerdings hatte er sich das leichter vorgestellt als es sich in der Praxis erwies. Er versuchte, Kontakte über Internetforen herzustellen, wurde aber entweder nicht ernst genommen oder von Personen belagert, die ihm seine Informationen entlocken wollten, ohne selber die geringste Ahnung davon zu haben oder zu wissen, wie diese zu ergänzen wären.

Nach einiger Zeit war ein gewisser Gerald O. Auf in zugekommen und es hatte sich heraus gestellt, dass dieser die gleichen Informationen besaßt wie Robert, die fehlenden Lücken jedoch mit esoterischem Geschwätz auffüllte und das Ganze dann auch noch zeitweise öffentlich gemacht hatte.

Als er die Suche schon aufgeben wollte, vermittelte ihm ein Autor aus dem Bereich der Präastronautik, der seit vielen Jahren im Ruhestand war, einen Kontakt zu einer gewissen Maria K. (Anmerkung: Name wurde anonymisiert).

Diese behauptete, im Besitz von Dokumenten zu sein, die aus einer Höhle in Ecuador stammen sollten. Sie schwor, dass es sich dabei um die fehlenden Daten handeln würde nach denen Robert suchte, konnte jedoch nicht erklären, wie sie zu dieser Einschätzung kam.

Anders als die Leute aus den Internetforen war Maria K. Zu keiner Zusammenarbeit bereit und auch an keinem Meinungsaustausch interessiert. Vielmehr verlangte sie eine stattliche Summe für eine Kopie ihrer Dokumente.

Robert war skeptisch und buchte einen Flug nach Ecuador, um sich mit Maria K. Zu treffen. Sie stellte sich ihm als die Tochter der Freundin eines gewissen Juan Moricz vor, der nicht mehr am Leben war. Die Dokumente sollen sich in der Hinterlassenschaft ihrer Mutter befunden haben.

Als sie Robert diese »Dokumente« zeigte, entpuppten sie sich als etwa 100 x 70 cm große Kopien von Originalen, die offenbar als Abklatschbilder von Reliefs abgenommen worden waren. Zumindest vermutete Robert, dass dies der Entstehungsprozess gewesen sein musste, Offenbar, so vermutete er, habe jemand ein großes Blatt Papier über ein Relief ausgebreitet und dieses so lange mit Kohlestiften oder einem ähnlichen Malmittel behandelt bis sich das Relief abzeichnete. Dann muss dieses Original irgendwann abgescannt und vervielfältigt worden sein, denn bei den Papierbögen, die Maria ihm zeigte, handelte es sich zweifellos um Drucke, die wohl mit einem großen Tintenstrahlplotter oder etwas ähnlichem hergestellt worden waren.

Doch das war ihm egal, denn ihm fielen sofort Übereinstimmungen mit seinen eigenen Dokumenten auf. Zwar konnte er keines der Schriftzeichen, die sich überall befanden, entziffern oder gar übersetzen, doch die zahlreichen Piktogramme erschienen ihm vertraut.

Er erkannte wiederkehrende Muster, die sich auch auf seinen Dokumenten befanden und kam zu dem Schluss, dass es sich tatsächlich um Ergänzungen handeln könnte wenn nicht gar um alle fehlenden Teile. Maria K. Zeigte ihm insgesamt fünf dieser Bögen und behauptete, dass sie weitere fünf in Originalform besitze, die sie aber aufgrund ihrer Empfindlichkeit nicht hervor holen und zeigen wollte. Für die gesamte Sammlung verlangte sie eine so stolzen Preis, dass selbst der wohlhabende Robert nicht gleich sein Scheckbuch zückte, sondern zunächst Rücksprache mit seinem Geschäftsführer nehmen musste.

Dieser schien alles andere als erfreut zu sein von der Idee, Firmengelder für Dinge auszugeben, die in seinen Augen wertlos waren. Robert hatte ihm die Drucke als Kunstdrucke präsentiert – hätte er die Wahrheit gesagt, wäre er womöglich entmündigt worden....so befürchtete er zumindest.

Schlussendlich bekam er das Geld zusammen und überreichte es Maria K. Diese gab ihm insgesamt zehn Papierbögen von denen Robert die ersten fünf bereits kannte. Was die anderen fünf Bögen anging, sah er sich getäuscht und betrogen, denn sie enthielten ganz offensichtlich keine Informationen, die an die Informationen der ersten fünf Bögen anknüpften.

Maria K. Hatte sie offensichtlich nur genutzt, um den Preis in die Höhe zu treiben. Das war ihr auch gelungen. Robert hoffte nun, dass die ersten fünf Bögen ausreichen würden, um die Lücken, die sich in seinen Unterlagen befanden, zu schließen.

»Und..taten sie das?«, fragte ich unvermittelt, als er geendet hatte.
»Ja, das taten sie.«
Seine Augen glänzten förmlich als er das sagte. Er ging zu seinem Pappkarton und kramte ein paar schlampig zusammengefaltete Papierbögen hervor, die er entfaltete und auf dem Boden ausbreitete. Ich vermutete, dass es sich dabei um die, so teuer erworbenen, Dokumente aus Ecuador handelte.

»Richtig«, sagte er und las damit ganz offensichtlich schon wieder meine Gedanken, »das sind sie, die fehlenden Informationen.«

Ich erkannte ein heillos Gewirr aus Linien und seltsamen Schriftzeichen wie ich solche noch nie zuvor gesehen hatte. Ganz offensichtlich handelte es sich weder um Hieroglyphen, noch um Runen oder Keilschrift.

Die Linien waren nicht sauber gezeichnet, sondern verschwammen in einem grauschwarzen Farbbrei, so dass es recht schwierig war, sie zu ordnen.

Ich stellte mich auf meinen Stuhl um mir das Ganze von oben ansehen zu können. Nun erkannte ich, dass die Linien bestimmte Formen ergaben aber die meisten davon waren mir nicht geläufig. In einer glaubte ich das Modell eines DNS-Strangs zu erkennen.

»Beeindruckend, nicht wahr?«

Robert schaute triumphierend zu mir hoch und deutete auf einige der Figuren. Er erklärte mir mit ausschweifenden Worten ihre Bedeutung doch ich verstand fast nichts von dem, was er mir der zu erklären versuchte. Mir fehlte noch immer der Bezug. Genauso gut hätte er mir die Technik des Raumschiffs Enterprise erklären können. »Aha, das ist also der Warpkern....sehr schön...«

Zu diesem Zeitpunkt fehlte mir jeder Zusammenhang zwischen den einzelnen Elementen und auch zwischen Roberts Raumschiff und dem, was er mir zuvor über den Coler-.Apparat oder die Theorien von Zecharia Sitchin erzählt hatte.

Selbst wenn ich mich anstrengte, konnte ich nicht die geringsten Übereinstimmungen mit den seltsamen Aufbauten eines Hans Coler oder den Piktogrammen aus dem Buch Sitchins erkennen. Das sagte ich auch Robert.

»Die Übereinstimmungen bestehen in der Technologie, nicht im Aufbau«, gab er mir erneut Rätsel auf, »die Sachen, die Coler gemacht hat, waren nicht besonders weit entwickelt. Das hier ist Wissen von dem Coler nur träumen konnte.«

Stolz präsentierte er mir auch die restlichen Bögen.

»Was ist eigentlich mit den Schriftzeichen?«, wollte ich wissen.

»Die kann keiner entziffern. Sie sind in einer Sprache verfasst, zu der es keinen Schlüssel gibt. Man weiß nicht einmal welcher Kultur sie zugeordnet werden können oder woraus sich die Schriftzeichen möglicherweise entwickelt haben. Es gibt buchstäblich nichts dazu.«

»Und....sind die nicht wichtig?«

»Ich glaube nicht, dass sie unbedingt benötigt werden, um die Pläne umsetzen zu können. Scheinbar handelt es sich um Zusatzinformationen, vielleicht aber auch um Maßangaben.«

»Oder um die Angaben der benötigten Materialien...«, warf ich ein und glaubte ihn damit verunsichern zu können.

»Das wäre nicht tragisch«, erklärte er mir zu meiner Überraschung, »als Materialien kommen nur ganz bestimmte Stoffe in Betracht. Die Auswahl ist gering und das Verständnis dafür, welches Material wo verbaut werden muss ergibt sich aus der Funktion....«.

»...die du verstehst...«, vollendete ich den Satz.

»Die ich verstehe!« bekräftigte er grinsend.

»Und was willst Du jetzt damit machen?«

Ich war mir ziemlich sicher, dass er noch nicht die Umsetzung der Pläne beendet hatte. Er hätte sich schon sehr verändert haben müssen um das getan zu haben. Ich behielt recht. Wie Robert kleinlaut zugab, hatte er den ganzen Bau hunderte male in Gedanken durchexerziert, hatte Kostenpläne und Einkaufslisten verfasst und sich auf die Suche nach einer geeigneten Halle gemacht in der das Raumschiff entstehen sollte und auch schon mit seinem Bau begonnen. Doch beebdet hatte er das Projekt damit noch lange nicht.

Das war bei Robert schon immer der Schwachpunkt gewesen. Er fürchtete sich vor praktischer Arbeit....was kaum zu glauben war wenn man wusste, dass er ein ganz passabler Schlosser war, dessen Fertigkeiten weit über die eines Heimwerkers hinaus gingen. Robert sah sich, sobald er einen Hammer in die Hand nahm, sofort mit Problemen konfrontiert, die er – so glaubt er zumindest – nicht oder zumindest nicht ausreichend bedacht hatte. Er fürchtete sich vor solchen Misserfolgen und schob daher alles, was auch nur im entferntesten an Praxis erinnerte, so weit vor sich her bis es sich nicht mehr weiter aufschieben ließ.

Nun dämmerte mir auch warum er mich aufgesucht hatte. Ich war das genaue Gegenteil von ihm. Handwerklich war ich eher ungeschickt aber ich hatte keine Scheu davor, Dinge praktisch anzugehen. Wenn etwas nicht so funktionierte wie geplant, dann sah ich das nicht als Katastrophe, sondern als Herausforderung an. Das war schon in unserer

Kindheit und Jugend so gewesen und hatte sich offensichtlich nicht verändert.

Über Roberts fast schon unheimliche Fähigkeit, meine Gedanken erraten zu können, habe ich mich ja schon ausgiebig ausgelassen. Ich wunderte mich also gar nicht, als er abermals meine Gedankengänge zu erahnen schien.

»Bist Du dabei?« fragte er frei heraus.

»Und was soll ich dabei machen?«, fragte ich zurück obwohl mir meine Rolle eigentlich klar war, »ich habe von alledem nicht die geringste Ahnung.«

»Das macht nichts. Ich werde dir alles Schritt für Schritt erklären. Es ist viel einfacher als du denkst.«

Ich stimmte zu, was Robert dazu bewegte, die ganze Sache mit mir feiern zu wollen. Ich schaute auf die Uhr. Es war bereits kurz vor zwölf. Die Zeit war wie im Flug vergangen.

Ich schaltete den Rechner aus und schaute Robert dabei zu, wie er seine Schätze wieder zusammenfaltete und in den alten Pappkarton verfrachtete. Er ging damit um, als handele es sich um billige Kritzeleien und nicht etwa um Dokumente, für die er ein mittleres Vermögen bezahlt hatte.

»Sind das eigentlich die Originale?« wollte ich wissen.

»Yup, so original wie es geht«, gab er lächelnd zurück, »ich habe die Dokumente nicht kopieren lassen. Es erschien mir nicht besonders wichtig.«

Das war auch typisch für ihn. Er dachte nie an später. Was, wenn jemand seinen Kaffee über die nunersetzbar teuren Pläne kippte?

»Ich brauche die Pläne eigentlich gar nicht mehr«, sagte er mir, »ich habe mittlerweile kapiert worauf es ankommt. Diese Pläne sind nichts, woran wir uns sklavisch halten müssen. Es ist die Technologie, die ausschlaggebend ist.«

Ich erfuhr, dass er bereits ein vereinfachtes Modell dieses UFOs entworfen hatte, das er »Grundmodell« nannte. Es sollte eigentlich lediglich so etwas wie ein Funktionsmodell sein, um sich und der Welt zu beweisen, dass die Technologie funktionierte, dass es Raumenergie oder Magnetenergie wirklich gab.

Erst danach wollte er mit dem Bau eines richtigen Raumschiffs beginnen, das mehrere Mann Besatzung aufnehmen und sicher zu den Sternen würde transportieren können. Das Grundmodell hingegen wäre dafür zu klein gewesen. Selbst Robert, dem es finanziell wirklich nicht schlecht zu gehen schien, der den Gegenwert eines Einfamilienhauses für ein paar Bögen bedrucktes Papier ausgegeben hatte, verfügte nicht über die notwendigen, finanziellen Mittel, sofort ein großes Raumschiff zu planen und in die Tat umzusetzen.

Und natürlich machte es sich keinerlei Illusionen dahingehend, was Finanziers anbelangte. Niemand würde ihm oder uns mehrere Millionen Euro in den Rachen schieben, bloß auf Basis von antiken Zeichnungen, deren Herkunft noch dazu recht abenteuerlich war.

»Wer ist noch dabei?«

Die Frage war mir plötzlich eingefallen. Allerdings ahnte ich die Antwort schon.

»Niemand. Nur wir beide«, kam prompt die Bestätigung.

Ich würde ihm später noch klar machen müssen, dass wir das nicht alleine schaffen würden – zumindest dann nicht, wenn all die Arbeitsschritte vonnöten waren, die ich mir in meiner, nunmehr lebhaften Phantasie, vorstellte.

Als hätten wir uns gerade rechtzeitig zum Zusammenpacken entschieden, steckte Ina den Kopf durch die Tür.

»Essen ist fertig.«

Sie nickte Robert freundlich zu, er nickte zurück. Was hatte der Typ bloß, dass meine Frau ihn auf Anhieb leiden konnte? Lag es etwa an seinem Ordnungsfimmel? Robert war in diesem Punkt ganz anders als Ina und ich. Als ich im Vorbeigehen einen Blick in seinen Karton warf, war dort alles feinsäuberlich geordnet. Ich stellte mir die Diskussionen mit ihm vor wenn er all den Müll und die herumliegenden Werkzeuge vorfinden würde sobald ich in den Bau eingestiegen war...

Der Tisch war bereits gedeckt. Es gab Reste vom vorangegangenen Grillabend. Neben Roberts und meinem Teller stand je eine Flasche Bier. Robert schnappte sich seine, hebelte den Verschluss mit dem Feuerzeug ab und leerte sie fast in einem Zug.

»Der Kerl ist ein Säufer geworden«, dachte ich und stopfte die erste Grillwurst mit Brot und Salat in mich hinein. Auch Robert langte kräftig zu.

»Wo sind die Kinder?« fragte ich Ina als ich bemerkte, dass ihre Plätze leer blieben.

»Drüben.«

Sie meinte unsere Nachbarn. Die Kinder spielten dort oft und würden erst zum Abendbrot wieder zurück sein, da war ich mir sehr sicher.

Gut so – auf diese Weise hatten wir Zeit und Ruhe. Ich hoffte, dass mich Robert an diesem Nachmittag endlich in die Technologie, die er ausgegraben zu haben glaubte, einweihen würde, machte mir allerdings keine großen Illusionen, dass dazu ein einzelner Nachmittag ausreichen würde.

Kaum war der Tisch abgeräumt, da schaute ich ihn auch schon aufmunternd an. Nun, da er sein Ziel, mich mit ins Boot zu holen, erreicht hatte, schien ihm etwas der Saft auszugehen. Zumindest rang er sichtbar nach Worten, als er sich anschickte, mir die Physik der Raumenergie zu erklären.

»So schwierig?« fragte ich ihn?

»Nein, ich weiß bloß nicht, wo ich anfangen soll.«

»Am Anfang würde ich sagen.«

Das sollte scherzhaft gemeint sein aber Robert lachte nicht. Er war jetzt sehr in sich gekehrt und suchte offenbar nach einem Einstieg in das Thema.

»Raumenergie«, begann er dann sehr langsam und offenbar seine Worte mit sehr viel Bedacht wählend, »gibt es, vereinfacht ausgedrückt, in zwei Formen, nämlich als polarisierte Raumenergie und als neutrale Raumenergie.«

Ich verstand zwar nicht was er meinte, nickte jedoch.

»Die neutrale Raumenergie ist die, die Arbeit verrichten kann. Man kann sie in etwa mit elektrischem Strom vergleichen.«

Ich nickte wieder und versuchte, die Informationen, die er mir lieferte, gedanklich zu einem Gesamtbild zusammen zu fassen.

»Raumenergie ist in ihrer Grundform sehr schwach«, fuhr er fort, »man kann sie aber....hmmmm...sozusagen hochtransformieren.«

Bei dem Wort »hochtransformieren« verzog er das Gesicht als würde ihm der Begriff nicht gefallen. Promt fügte er hinzu:

»Hochtransformieren ist nicht das richtige Wort aber es gibt eigentlich keinen passenden Begriff für das, was ich meine.«

»Sag' mir einfach wie man das in der Praxis macht«, ermunterte ich ihn.

»Man lässt die Raumenergie über Lücken springen«, kam seine prompte, etwas unbeholfene Antwort.

»Über Lücken?«

»Ja, man schafft eine Lücke im energietransportierenden Medium, die die Raumenergie überspringen oder überwinden muss. Je größer diese Lücke, umso stärker wird die Raumenergie. Ist die Lücke allerdings zu groß, gelingt der Übersprung nicht.«

»Kannst Du mir ein Beispiel geben?«

»Ja, sogar eines, das du bereits kennen gelernt hast. Erinnerst du dich an den Aufbau, des Coler Magnetstromapparates? Dort wurden die einzelnen Bauteile immer wieder im Abstand zueinander verändert. Erst wenn die richtigen Abstände zueinander erreicht waren, funktionierte der Apparat. Zwischen den einzelnen Magneten existieren Lücken, die die Raumenergie überwinden musste. War der Energiefluss erst einmal hergestellt, vergrößerte Coler diese Lücken und der Energiefluss nahm an Stärke zu.«

Richtig, das hatte ich glatt vergessen. Nun konnte ich mir in etwa vorstellen, was Robert mit Lücken meinte, die es zu überspringen galt.

Diese Lücken hatten offenbar eine ähnliche Funktion wie Transformatoren in der Welt der Elektrik....wenn auch nicht die gleiche.

»Woher kommt die Energie eigentlich?«

Die Frage brannte mir schon seit Stunden unter den Nägeln.

»Ehrlich gesagt habe ich keine Ahnung. Man kann nur mutmaßen, dass es sich um eine universelle Energieform handelt, die von der Physik bisher übersehen wurde.«

Robert schien es peinlich zu sein, dass er diesen Teil meines Wissensdurstes nicht stillen konnte. Nach einiger Zeit fuhr er fort:

»Ich nehme jedoch an, dass es sich um eine, bereits bekannte Energieform handelt, die bisher bloß nicht ausreichend erforscht wurde. Es könnte mit der Gravitation zusammen hängen.«

»Wie kommst du darauf?«

»Raumenergie ist in der Lage, Gravitation zu beeinflussen. Daraus schließe ich, dass ihre Wurzeln in der Gravitation liegen.«

»Okay....«, ich war von dieser Antwort nicht gerade beeindruckt, »und wo ist der Stecker des Ganzen?«

Ich wollte ihn nicht schon wieder in Bedrängnis bringen, wusste aber, dass es keinen Sinn machen würde, wenn so viele Fragen offen bleiben würden.

»Der Stecker?« dehnte er.

»Ja, wo und wie zieht die Maschine ihren Saft?«

Fast befürchtete ich, dass er mir auch diese Frage nicht würde beantworten können, wurde aber eines Besseren belehrt.

»Ach so«, grinste er erleichtert, »Raumenergie wird in ihren unterschiedlichen Polaritäten von Permanentmagneten angezogen.«

»Es handelt sich also um einfachen Magnetismus...«, konstatierte ich etwas enttäuscht.

»Nein, es handelt sich eben nicht um Magnetismus. Neutrale Raumenergie besitzt keine Polarität, ist also nicht magnetisch. Die Permanentmagnete dienen nur als....als....Stecker. Sie ziehen polarisierte Raumenergie an. Diese wird dann in neutrale Raumenergie umgewandelt welche entsprechend verstärkt wird.«

Ich habe ihn wohl einigermaßen verständnislos angeschaut, denn er holte einen kleinen Permanentmagneten aus der Hosentasche und »klebte« ihn an das metallene Bein des Couchtisches.

»Diese Kraft«, sagte er dabei, »ist nicht gemeint.«

»Sondern?«

»Eine Kraft, die erst in einer Vorrichtung entsteht, die wir bauen müssen.«

»Und diese Kraft...«, begann ich,

»...ist in der Lage, Arbeit zu verrichten, ein Gravitationsfeld aufzubauen, eine Raumschiff anzutreiben oder Wärme zu erzeugen, ja!« beendete Robert meinen Gedankengang.

»Erinnerst du dich an Colers Aussage, dass ein Elektron auch immer gleichzeitig mit einem magnetischen Südpol gleichzusetzen sei?«

Ich konnte mich schwach an diesen Teil von Roberts vormittäglichen Ausführungen erinnern.

»Da könnte etwas Wahres dran sein aber es ist lange nicht alles.«

Wir unterhielten uns den ganzen Nachmittag und Abend darüber, was Magnetismus unter Umständen sein könnte, wie er mit Gravitation, Atomen und Elektronen in Übereinstimmung zu bringen sei und wie es möglich sei, dass es eine Kraft gab, die von der Schulphysik so sträflich übersehen wurde.

Allerdings blieb es von Roberts Seite aus fürs Erste bei diesen wenigen Informationen. Offenbar wollte er, dass ich sie erst einmal sacken ließ bevor er mich mit weiteren fütterte.

Als meine Frau begann, das Abendbrot vorzubereiten, erhob er sich und packte seine Sachen zusammen.

»Willst du etwa schon wieder gehen?« fragte ich scherzhaft, da ich nicht wirklich daran glaubte, dass er tatsächlich das Feld räumen wollte.

»Ja«, sagte er zu meiner Überraschung, »ich habe noch ein paar Dinge zu erledigen, jetzt, da ich dich zum Mitmachen überreden konnte.«

Ich hatte damit gerechnet, dass er noch mindestens bis zum Montag Morgen bleiben würde. Entsprechend konsterniert blickte ich drein. Nun hatte sich endlich eine interessante Diskussion entwickelt und ich begann langsam zu verstehen, warum Robert so aus dem Häuschen war...und just in diesem Moment fiel ihm ein, dass er gehen musste.

»Habe ich was falsches gesagt?« fragte ich ihn.

»Nein, alles in bester Ordnung.«

Sein Grinsen wirkte aufgesetzt, fast schon gequält.

»Ich muss nur noch ein paar Sachen erledigen damit wir mit dem Raumschiffbau beginnen können...Finanzierung und so.....«

»Aha, okay...«

Ich war nicht gerade überzeugt. Wäre er auch etwa auch gestern schon aufgebrochen wenn er mich gestern schon überredet hätte? Es wirkte fast so. Ich fragte ihn danach.

»Nein, es ist wirklich alles bestens«, beruhigte er mich, »ich hätte sowieso jetzt fahren müssen.«

Der Abschied verlief nicht ganz so überschwänglich wie die Begrüßung am Tag zuvor. Bevor er sich in sein Auto, einen alten, verbeulten Golf, setzte, drückte er mir noch eine zerknitterte Visitenkarte in die Hand.

»Für den Fall, dass Du mich erreichen willst bevor ich Dich anrufe«, sagte er, klemmte seinen Bauch hinter das Lenkrad, winkte noch einmal kurz und war auch schon weg.

Ich schaute dem Wagen hinterher bis er um die Ecke bog und aus meinem Blickfeld geriet.

»Na du hast ja seltsame Freunde«, hörte ich Ina hinter mir verwundert sagen. In diesem Moment musste ich ihr recht geben. Robert war wirklich ein seltsamen Freund.

Verschwunden

Die darauf folgende Woche verlief ohne, dass ich etwas von Robert hörte. Ja, es war fast so, als sei er nie da gewesen, hätte mir nie von antikem Wissen und frühen Hochzivilisationen vorgeschwärmt und mich nie überreden wollen, ein Raumschiff mit ihm zu bauen.

Zu diesem Zeitpunkt war es mir auch einfach zu blöde, ihm hinterher zu laufen und so versuchte ich gar nicht erst, die Telefonnummer auf seiner Visitenkarte anzurufen.

Als die zweite Woche genauso begann, wurde es mir allerdings zu dumm. Robert hatte mir versprochen, sich bei mir zu melden; zwar hatte er keine genauen Angaben dazu gemacht, wann das sein sollte, doch er hatte gesagt, er müsse nur kurz etwas erledigen. Das hatte nicht danach geklungen, dass er mich wochenlang im Unklaren lassen wollte. Schließlich musste ich meine Zeit für sein Projekt einplanen und ich rechnete nicht damit, dass es wenig Zeit sein würde.

So nahm ich mir die Visitenkarte vor, die er mit zum Abschied gegeben hatte und betrachtete sie, zum ersten mal, genau. Ich fand es seltsam, dass der Inhaber eines großen Unternehmens keine Unternehmensvisitenkarte hatte. Zudem schien die Karte mit einem Tintenstrahldrucker selbst gemacht worden zu sein. Es befand sich nur sein Name, eine Telefonnummer und eine weitere dreistellige Zahl mit den Buchstaben D HB darauf. Die Telefonnummer rief ich an.

Ich hätte es auch bleiben lassen können, denn am anderen Ende hob weder Robert noch ein Anrufbeantworter ab. In den folgenden Tagen versuchte ich es an die zwanzig mal doch es blieb dabei, dass Robert schlicht unerreichbar war.

Kurz spielte ich mit dem Gedanken, seine Firma anzurufen. Zwar kannte ich die Telefonnummer nicht, doch die würde ich heraus bekommen. Dann verwarf ich den Gedanken wieder. Es erschien mir als zu aufdringlich. Vielleicht hatte er es sich anders überlegt und wollte mich nun gar nicht mehr dabei haben. Es wäre mir peinlich gewesen, ihm dann regelrecht hinterher zu laufen.

Am Samstag der zweiten Woche fand ich einen Brief von einem Rechtsanwalt in meinem Briefkasten. Ich glaubte schon, in irgendeinen dummen Rechtsstreit hineingezogen worden zu sein (vielleicht war das Impressum einer meiner Internetseiten nicht vollständig...) und öffnete ihn mit fliegenden Fingern.

Der Anwalt stellte sich als bestellter Nachlassverwalter meines Freundes vor, teilte mir sein Beileid zum Tode meines Freundes mit und bat mich um eine Terminvereinbarung.

Ich war wie vor den Kopf gestoßen. Robert war tot! Irgendwann in den vergangenen dreizehn Tagen musste er ums Leben gekommen sein. Und offensichtlich hatte er mich als Erben angegeben, weshalb ich nun dieses vermaledeite Schreiben in Händen hielt.

Ich stützte zum Telefon und rief die angegebene Nummer an – nicht unbedingt um den gewünschten Termin zu vereinbaren, sondern um zu erfahren, wie und warum Robert so plötzlich gestorben war.

Doch ich bekam keine Auskunft. Am anderen Ende war eine Anwaltsgehilfin, die mir freundlich aber bestimmt mitteilte, dass sie mir am Telefon keine Auskunft geben dürfe und dass ihr Chef gerade in einer Besprechung sei, ich also nicht mit ihm sprechen könne.

Diese Besprechung schien entweder sehr lange anzudauern oder sich ständig und zu jeder Zeit zu wiederholen, denn wann immer ich in der Kanzlei anrief erhielt ich die gleiche Auskunft. Natürlich wusste ich, dass der Mann nicht mit mir sprechen *wollte*...zumindest nicht am Telefon. Er wollte sein Programm abspulen, mir mir geheuchelter Anteilnahme die Hand reichen, dann den Nachlass meines Freundes offenbaren soweit er mich betraf und mich dann schleunigst wieder los werden.

Also ging ich darauf ein und vereinbarte einen Termin für den folgenden Mittwoch.

»Der Tod ihres Freundes tut mir aufrichtig leid.«

Wie ich es erwartet hatte reichte mir Roberts Nachlassverwalter, ein fülliger Mann im Anzug, der die schlechtesten Zähne hatte, die ich je gesehen habe und ein Gesicht in dem professionelle Anteilnahme eingemeißelt zu sein schien, die Hand und bot mir einen Platz an. Ich gab ihm die Zeit, seinen Wanst hinter dem protzigen Schreibtisch auf einen Stuhl zu platzieren. Dann hielt ich es nicht mehr aus.

»Wie ist Robert gestorben?«

»Herzinfarkt«, sagte er mit dem gleichen, säuerlichen Gesichtsausdruck mit dem er mich schon begrüßt hatte, »er hatte wohl ein schwaches Herz und nicht gerade gesund gelebt.«

»Als ich ihn vor knapp zwei Wochen gesehen habe, war er putzmunter«, gab ich zu bedenken und machte gar keinen Hehl daraus, dass mir die Erklärung des Anwalts nicht reichte. Robert hätte es mir wohl gesagt wenn er Herzprobleme gehabt hätte. Mehr noch...er hätte sich mit Pillen voll gestopft wie es alle Herzkranken tun.

»Das mag sein Herr Graefen, aber....«, seine Mine wurde noch säuerlicher, »das ist nicht mein Fachgebiet und nicht das Thema dieser Besprechung.«

»Und was ist das Thema dieser Besprechung?«

Ich hatte diesen Satz betont genervt ausgesprochen. Ich mochte diesen Winkeladvokaten nicht und konnte beim besten Willen nicht verstehen, wieso Robert ausgerechnet ihn ausgewählt hatte. Einen größeren Unsympathen konnte ich mir kaum vorstellen.

»Herr Schreiber hat ihnen etwas hinterlassen. Es ist meine Aufgabe dafür zu sorgen, dass Sie es erhalten.«

Er nahm sein Telefon in die Hand und sprach ein paar Anweisungen hinein. Kurz darauf öffnete sich die Tür und seine Gehilfin kam herein, unter dem Arm den, mir bereits bekannten, verbeulten Karton.

Nun konnte ich doch meine Tränen nicht mehr ganz zurück halten. Seinen wertvollsten Besitz hatte Robert mir anvertraut – mir, einem ehemaligen Freund, den er Jahrzehnte lang nicht mehr gesehen hatte und den er – wenn man es ganz genau nimmt – nur 2 Tage lang kannte.

Ich bewunderte die Kraft der Anwaltgehilfin. Selbst Robert hatte den Karton nicht so leicht tragen können und er war ein echt kräftiger Kerl gewesen.

Die Erleuchtung kam mir, als mir dieser Winkeladvokat fluchs eine Blatt Papier über den Tisch schob.

»Wenn Sie den Empfang dann bitte hier quittieren wollen...«

»Moment..«

Ich öffnete den Karton und fand ihn fast leer vor. Lediglich zwei Bücher und zwei Schnellhefter befanden sich darin. Eines der Bücher erkannte ich wieder. Es war »Der zwölfte Planet« von Zecharia Sitchin.

Das andere Buch kannte ich nicht. Es war, wie auch das Sitchinbuch, total zerlesen und unansehnlich.

»Wo sind die anderen Sachen?« fragte ich den Anwalt unvermittelt.

»Das ist alles, was ihnen Herr Schreiber hinterlassen hat«, der Anwalt sah mich an als sei ich ein Erbschleicher, der auf eine Millionen in dem Karton gehofft hatte.

»Es befanden sich mehrere großformatige Blaupausen und Konstruktionspläne in dem Karton«, sagte ich und legte so viel Bestimmtheit in meine Stimme wie ich konnte, »das weiß ich genau und ich bin mir auch ziemlich sicher, dass Robert sie mir hinterlassen wollte.«

»Davon weiß ich nichts. Das ist alles, was Ihnen Herr Schreiber hinterlassen hat.«

Wie oft wollte er mir das noch erzählen? Hatte mir Robert tatsächlich nur die paar Bücher und Akten vererbt....und das nachdem er mich kurz zuvor mühsam überredet hatte, dieses verflixte Raumschiff mit ihm zu bauen?

Das passte doch hinten und vorne nicht. Aber mit welchem Recht konnte ich hier aufbegehren? Ich entschloss mich zum einstweiligen Rückzug.

»Na gut«, sagte ich und stand auf, »gestatten Sie mir aber bitte noch eine Frage. Wie ist Robert an Sie geraten?«

»Ich war schon für die Familie tätig als sein Herr Vater noch lebte«, gab mir dieser schmierige Typ tatsächlich bereitwillig und sogar mit hörbarem Stolz Auskunft.

Ich schnappte mir meinen Karton und verließ das Gebäude nachdem ich erfahren hatte wann und wo die Beerdigung stattfand.

Versonnen warf ich den Karton in den Kofferraum und fuhr heim.

Es dauerte einige Zeit bis ich die Vorfälle vergessen hatte aber dann verlief unser Leben wieder wie zuvor. Ich ging meinem Job nach, meine Frau ging ihrem Job nach, die Kinder gingen zur Schule und spielten mit den Kindern der Nachbarn.

In der Hoffnung, doch noch etwas zu finden, hatte ich die beiden Akten durchforstet. Gefunden hatte ich jedoch lediglich ein paar Rechnungen für die Reparatur des alten VW, sowie Tankquittungen. In einem der Ordner war hinter der letzten Seite eine Klarsichthülle eingeheftet, die einen kleinen Schlüssel enthielt.

Dann war ich zur Beerdigung gefahren und fand eine der traurigsten Beerdigungen vor, die ich je erleben musste. Robert wurde in einem Billigsarg regelrecht verschachert. Da er keiner Religion angehörte, hatte ein professioneller Trauerredner ein paar lapidare Worte gesagt. Dann hatten die Friedhofsangestellten den Sarg ins Grab hinab gelassen, die Mützen kurz gelüftet und waren gegangen. Niemand außer mir war anwesend. Ich hatte ihm Good bye gewünscht und war gegangen.

Danach war das Thema für mich beendet. Es folgt eine Zeit in der ich richtig sauer auf meinen alten Freund war. Wie konnte er sich einfach so, nach fast unendlich langer Zeit, wieder in mein Leben schleichen, mir von unglaublichen Dingen erzählen und dann einfach so aus dem Leben scheiden? Und das alles, ohne einen einzigen Hinweis darauf, wie es mit seinen Ideen nun weiter gehen sollte. Wem hatte er die Blaupausen vermacht? Wer würde das Raumschiff nun bauen. Oder würde dieser jemand die Pläne einfach vernichten?

»Was bedeuten eigentlich diese Zahlen und Buchstaben?«

Es war Ina, die nach Wochen Roberts alte Visitenkarte gefunden hatte. Sie hielt mir das selbst gedruckte Pappteil unter die Nase und deutete auf die dreistellige Zahl mit dem »D HB« dahinter.

»385 D HB«, las ich versonnen laut vor.

»Ich weiß selber was da steht. Ich will wissen, *warum* es da steht.«

»Keine Ahnung mein Schatz«, gab ich ehrlich zu. Ich wusste wirklich nicht, was die Zahlen und Buchstaben zu bedeuten hatten.

Sie standen direkt unter der Telefonnummer, die ich Wochen zuvor vergeblich angerufen hatte.

»Was, wenn das ein Schließfach ist?« fragte Ina.

»Quatsch...und wenn schon. Wir bräuchten einen passenden Schlüssel um es zu öffnen.«

Kaum hatte ich die Worte ausgesprochen, da kam mir die Erkenntnis. Robert hatte mir tatsächlich einen Schlüssel hinterlassen. Ich hatte ihm keine Beachtung geschenkt weil alles andere in diesen Akten völlig belanglos war und ich nicht glauben konnte, dass ausgerechnet dieser Schlüssel eine wichtige Funktion erfüllte.

Schnell flitzte ich in den Keller wo wir den alten Karton deponiert hatten und suchte den Schlüssel. Tatsächlich! Es handelte sich um einen Schlüssel zu einem Schließfach des Düsseldorfer Hauptbahnhofes.

»Das sehe ich mir an«, japste ich und war schon auf dem Weg zum Auto.

Als ich das Schließfach öffnete schien gleich die nächste Enttäuschung auf mich zu warten. Auf dem ersten Blick war es nämlich leer. Robert schien aus seinem Grab heraus eine perfide Freude daran zu haben, mich zum Narren zu halten.

Dann entdeckte ich eine CD ganz hinten in der Ecke. Man konnte sie kaum sehen weil sie so flach war. Vorsichtig hob ich sie an und betrachtete sie genauer. Es handelte sich um eine selbst gebrannte CD. Sie enthielt weder Aufschrift noch Hülle. Nichts deutete darauf hin was sie enthalten mochte.

»Bei Roberts Sinn für perfide Scherze enthält sie einen Computervirus«, dachte ich bei mir und steckte sie ein. Natürlich glaubte ich nicht wirklich daran, dass es Robert daran gelegen gewesen ist, meinen Rechner mir irgendwelchen Viren zu verseuchen aber es war schon sehr seltsam was in den vergangenen Wochen seit seinem Tod alles passiert war.

Kaum daheim fuhr ich meinen Laptop hoch und schob die CD ins Laufwerk. Ina stand hinter mir; schaute mir über die Schulter.

Mit einem lauten Surren setzte sich das Laufwerk in Bewegung. Weiter passierte jedoch nichts. Ich öffnete den Windows Explorer und klickte das CD-Laufwerk an. Tatsächlich öffnete sich ein Verzeichnis, das zahlreiche Dateien enthielt. Einige Dateien konnte ich öffnen aber es gab auch solche, für die man spezielle Programme brauchte, um sie öffnen zu können.

Keine Datei war so benannt, dass man aus ihrem Namen schließen konnte was sie enthielt. Robert hatte sie mit Nummer und Buchstaben in scheinbar wilder Kombination benannt....falls Robert überhaupt der Schöpfer dieser CD war, doch davon ging ich aus.

Ich öffnete wahllos eine Word-Datei.

Funktionsmodell eines Raumschiffs mit Raumenergieantrieb

stand dort in fettgedrucktem Arial. Es folgte eine lange Abhandlung über Materialien und bautechnische Anforderungen. Auch Bilder waren ein das Dokument eingebettet. Zum ersten mal sah ich das Raumschiff, das Robert mit mir hatte bauen wollen. Ich konnte ein »Wowwww!« nicht unterdrücken. Es sah gut aus; nicht wie man sich UFOs gemeinhin vorstellte. Es hatte nichts von einer Untertasse und auch nichts von Raumschiff Enterprise oder einem Sternzerstörer. Was ich sah war gänzlich anders als alles was ich je zuvor gesehen hatte. Oben und unten befanden sich Kegel deren Funktion ich zu diesem Zeitpunkt noch nicht verstand.

»Na wenn das mal nichts ist«, hörte ich Ina hinter mir sagen. Lag da etwa Spott in ihrer Stimme? Für Robert war dieses Raumschiff sein Lebensinhalt gewesen. Er hatte schon als kleiner Junge gewusst, dass er es eines Tages bauen würde. Nun war er tot. Er hatte seinen Traum nicht in die Tat umsetzen wollen aber er hatte dafür gesorgt, dass er nicht in Vergessenheit geraten würde. In meiner Phantasie hatte Robert bereits gewusst, dass er sterben würde. Er hatte, indem er mich für sein Thema interessierte, dafür gesorgt, dass ich daran weiter arbeiten würde.

Doch ich stand nun vor einem Problem: Wie sollte ich dieses Unterfangen finanzieren? Für Robert wäre es kein Problem gewesen doch für mich schien das Vorhaben einfach unrealisierbar. Ich schaute zu meiner Frau hoch.

»Hast du eine Ahnung was das kostet?«

»Ruf doch mal bei seiner Firma an. Vielleicht hat er dir ein Konto eingerichtet oder so...«, war ihre Antwort.

Ich fand die Idee gar nicht so schlecht. Robert hatte offenbar so viele Geheimnisse gehabt – da würde ein geheimes Konto fast schon perfekt ins Bild passen.

»Ich suche mir morgen die Telefonnummer raus und ruf' da mal an«, sagte ich mehr zu mir selber als zu meiner Frau.

»Ja mach' das«, antwortete sie trotzdem.

»Firma Schreiber Nachfolger«, meldete sich eine sympathische, junge Frauenstimme bereits nach dem zweiten Klingeln. Ich stellte mich vor und teilte ihr mein Anliegen mit. Hatte Robert vielleicht über irgendein

Privatkonto innerhalb der Firma verfügt und hatte er dort eine Summe hinterlassen für sein baldiges Vorhaben?

Die nette Frauenstimme wurde zunehmend reserviert. »Darüber weiß ich nichts, Herr Graefen.«

Ich bat sie, mich mit ihrem Chef zu verbinden. Wie hatte er doch gerade noch geheißen? Meier oder Meiers? Kaum hatte ich die Bitte geäußert, da hörte ich auch schon den Standardspruch aller Sekretärinnen und Telefonistinnen.

»Ich versuche es einmal....bitte bleiben sie in der Leitung...«

Und dann, nach einer viel zu kurzen Zeitspanne: »Es tut mir leid, Herr Meiers befindet sich gerade in einem..«

»...Gespräch«, beendete ich genervt ihren Satz und fiel ihr dabei absichtlich unhöflich ins Wort. Warum mussten diese Leute immer lügen?

Ich hinterließ ihr meine Telefonnummer und hatte dabei nicht die geringste Hoffnung, dass dieser Meiers sich bei mir melden würde. Ich wollte einfach nichts unversucht lassen.

Doch ich sollte mich fürchterlich täuschen. Bereits am gleichen Tag noch läutete das Telefon. Am anderen Ende quäkte mir eine so unangenehme Stimme ins Ohr, wie ich sie seit langem nicht mehr gehört hatte.

»Meiers hier...«

Zunächst war ich so baff, dass ich kein Wort heraus bekam.

»Sie wollte mit mir über Robert Schreiber sprechen«, kam er sofort zu Sache.

»Eigentlich wollte ich lediglich wissen, was mit seinem Vermögen passiert ist.« Ich hatte endlich meine Stimme wieder gefunden.

»Welches Vermögen?«

Die Stimme am anderen Ende wurde höhnisch, was sie noch unangenehmer machte.

»Roberts Vermögen«, sagte ich genervt, »seine Firmenanteile beispielsweise.«

»Robert Schreiber hatte nie Firmenanteile besessen«, höhnte die unangenehme Stimme weiter, »sein Vater hatte es ihm nicht zugetraut, das Unternehmen zu führen. Er hat daher verfügt, dass sein privates Vermögen der Firma zugute kam und mir die Leitung derselben übertragen.«

»Und Robert...«, ich wusste nicht einmal, was ich noch erwidern sollte.

»Sein Sohn Robert erhielt zeitlebens ein Taschengeld aber mit dem Unternehmen hatte er nichts zu tun.«

»Um Himmels Willen«, entglitt es mir ungewollt.

»Wenn sie mich fragen war Robert Schreiber nicht ganz richtig im Kopf«, legte dieser Meiers noch einen drauf, »er rannte ständig irgendwelchen Phantasien nach. Sein Vater hatte wohl die Sorge, dass er das gesamte Firmenvermögen in diese Phantasien stecken würde.«

Ich bedankte mich für die Information und legte im gleichen Moment auf. Ich konnte diese Stimme nicht länger ertragen und was sie sagte, noch viel weniger.

Robert war ein Hochstapler gewesen? Ein Aufschneider? Ich konnte es kaum fassen. Ina nahm die Information wesentlich gelassener auf. Für sie war Robert noch lange nicht dort angelangt wo Meiers ihn offenbar gesehen hatte. Ich für meinen Teil kämpfte noch darum, meine Achtung vor ihm nicht zu verlieren. Hätte er mir das doch alles gleich zu Anfang gesagt. Warum hatte er gelogen und warum hatte er so viele Geheimnisse?

Am gleichen Abend läutete das Telefon erneut. Die sympathische Telefonstimme erkannte ich sofort. Sie gehörte der netten Sekretärin mit der ich am Vormittag noch telefoniert hatte. Nun klang sie jedoch wesentlich privater und ein wenig verunsichert.

»Ich habe mir überlegt, dass man das so nicht stehen lassen kann«, sagte sie als Einleitung, »aber Sie müssen mir versprechen, dass das Telefonat unter uns bleibt.«

»Natürlich«, versicherte ich ihr sofort, »wem sollte ich auch davon berichten.«

»Robert war nicht verrückt. Er hatte einige seltsame Ideen aber er war auch ein guter Geschäftsmann. Viel wichtiger aber ist, dass sein Vater das wusste.«

»Aha und was soll mir das sagen?«

»Robert war nicht enterbt worden. Man fand kein Testament und Herr Meiers hatte einen Vertrag, der ihm weitreichende Vollmachten einräumte. Er, nicht der alte Schreiber, hat Robert vor die Tür gesetzt. Robert hat um sein Erbe gekämpft und ist vor Gericht gezogen. Meiers wollte ihn als verrückt darstellen und die Firma vollends übernehmen.«

»Und was hat das Gericht dazu gesagt?« wollte ich wissen.

»Noch gar nichts. Das Urteil wurde für morgen erwartet.«

»Und jetzt ist er tot..«

»Wie passend, nicht wahr?«

Sie schien das sehr mitzunehmen. Wahrscheinlich war Meiers einer jener Chefs, denen man nicht gerne unterstellt sein wollte.

»Hatte er tatsächlich kein Geld?« Es mag geschmacklos gewesen sein aber jetzt wollte ich Gewissheit.

»Meiers hatte dafür gesorgt, dass ein Nachlassverwalter alle Vermögen eingefroren hat. Es wurde nur das freigegeben, was die Firma benötigte und ein Taschengeld für Robert, der ansonsten mittellos gewesen wäre. Wenn Robert das Verfahren gewonnen hätte, dann wäre ihm alles zugesprochen worden und als erstes hätte er wohl Meiers gefeuert.«

Ich wusste gar nicht was ich darauf antworten sollte. Stattdessen fragte ich:

»Wissen Sie was mit den Unterlagen geschehen ist, die er mir hinterlassen hat?«

»Davon weiß ich nichts«, sagte sie aber ich weiß, dass noch ein Anwalt in die Sache verstrickt ist. Er hat vermutlich dafür gesorgt, dass es kein Testament gab, das Robert als alleinigen Erben seines Vaters einsetzte und er war es wahrscheinlich auch, der Meiers so weitreichende Rechte in seinen Arbeitsvertrag schrieb, dass dieser die Firma praktisch übernehmen konnte.

»Und dieser Typ hat wahrscheinlich auch die Unterlagen verschwinden lassen«, konstatierte ich fassungslos.

»Mag sein«, sagte sie und bat mich noch einmal, den Inhalt des Gesprächs nicht weiter zu leiten oder gar weiter zu verfolgen.

Ich versprach es ihr erneut. Was hätte ich auch tun können? Robert war tot. Sein Erbschaftsanspruch war somit erloschen und soweit ich wusste, hatte er keine Nachkommen. Doch selbst wenn…wie hätte man beweisen können, dass zwei Männer einen alternden Firmeninhaber belogen und betrogen und um die Früchte seiner Arbeit bzw. seinen Sohn um das gerechte Erbe gebracht hatten?

Diese Sache war durch. Warum diese beiden Männer nun aber offensichtlich zu versuchen schienen, die Auswertung von Roberts Plänen zu verhindern, war mir schleierhaft. Ganz offensichtlich glaubten sie nicht an die Ernsthaftigkeit, geschweige denn Umsetzbarkeit dieser Pläne. Ich hielt es für ausgeschlossen, dass sie eifersüchtig um das Hüten irgendwelcher Geheimnisse bemüht waren.

Hatten sie etwa Wind davon bekommen wie viel Geld Robert für diese Pläne ausgegeben hatte und wollten sie nun wieder verkaufen?

Ich fällte eine Entscheidung: Ich würde das Material, das mir von Robert hinterlassen worden war, veröffentlichen.

Sie, liebe Leserin, lieber Leser, können sich dann ein eigenes Bild davon machen, ob Robert Schreiber ein Spinner war oder ob seine Nachforschungen letztendlich doch von Erfolg gekrönt waren.

Im nun folgenden, zweiten Teil dieses Buches werde ich die Unterlagen so wie ich sie vor fand zur Verfügung stellen. Während ich dieses Buch schrieb und die Ereignisse alle noch einmal in mein Gedächtnis zurück rief, gewann ich einen tieferen Einblick in das was Robert mir zu erklären versuchte. Ich werde mich jeder jeder Diskussion enthalten, da ich nicht sicher sein kann, dass meine eigenen Erkenntnisse wirklich richtig sind.

Einige der Dateien konnte ich nicht öffnen. Sie waren mit Programmen geschrieben, verschlüsselt und gespeichert worden, die Robert entweder selber entwickelt hatte oder entwickeln lassen hatte. Leider fehlen die benötigten Programme, um die Dateien öffnen und ihre Inhalten auslesen zu können.

Funktionsmodell eines Raumschiffs mit Raumenergieantrieb

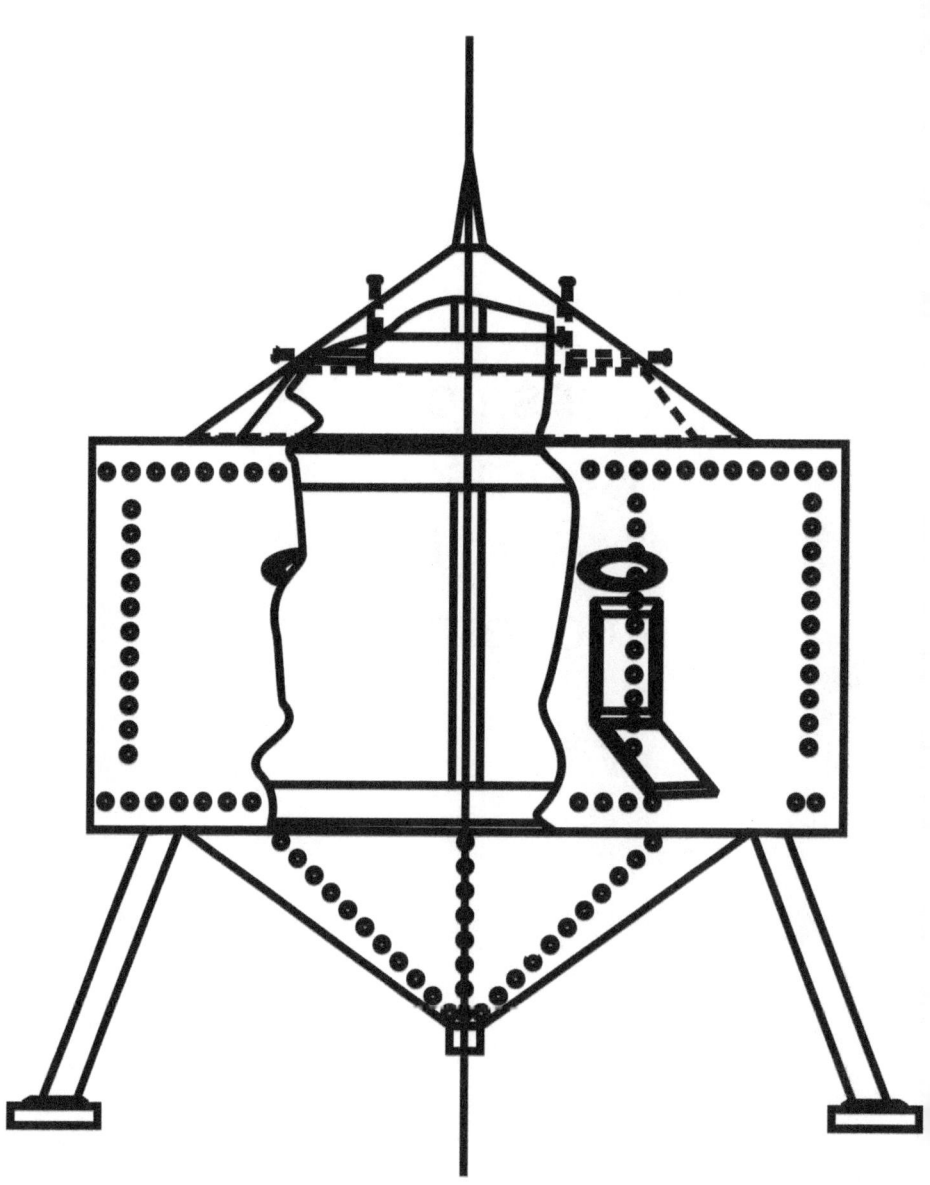

Funktionsmodell eines Raumschiffs mit Raumenergieantrieb

Nach allen Erkenntnissen, die ich bisher sammeln konnte, baute die erste Menschheit all ihre Maschinen, Geräte und Apparate aus ganz bestimmten Metalllegierungen. Kunststoffe kannten sie scheinbar nicht, dafür aber eine viel größere Bandbreite an Metallen. Es scheint, dass sie die Metalle nicht nur ihrer mechanischen Eigenschaften entsprechend legierten, sondern auch nach anderen Eigenschaften, die für uns, die zweite oder dritte Menschheit, die die Erde bevölkert, keine Rolle spielen, weil unsere Technologie eine ganz andere, eine mühevollere und schädlichere Richtung eingeschlagen hat.
Sie müssen bautechnische Fertigkeiten entwickelt haben, die für uns zu Ausnahmeerscheinungen zählen. So müssen sie in der Lage gewesen sein, riesige Bauteile aus den unterschiedlichsten Metallen zu gießen; Bauteile gegen die ein, bei MAN gegossener Schiffsdiesel sich eher klein ausnimmt.
Ohne diese Fertigkeiten wieder zu erlangen, schien es mir lange Zeit undenkbar mit dem Bau solcher Projekte zu beginnen. Als ich dann tiefer in die Materie eindrang und mir nach und nach beim Studium der mir zur Verfügung stehenden Unterlagen, klar wurde, worauf es eigentlich bei der Materialwahl ankommt, wurde mir klar, dass man das Problem auch einfacher lösen kann.

Zuerst einmal muss man wissen, dass es selten auf mechanische Belastung ankommt, sondern auf die Inhaltsstoffe. Und obwohl ich bis jetzt noch nicht genau weiß, auf welche Eigenschaften es bei den jeweiligen Inhaltsstoffen nun genau ankommt, weiß ich aber doch, welche Inhaltsstoffe für welche Zwecke und welche Bauteile einzusetzen sind.
Manchmal kommt es aber doch auf die mechanischen Eigenschaften an. Wenn das der Fall ist, spielen die Inhaltsstoffe allerdings keine Rolle. Die ersten Menschen scheinen zwar

versucht zu haben, bei besonders hochwertigen und häufig erwähnten Legierungen beide Eigenschaftsfelder miteinander zu verbinden, aber man hat keine Einbußen wenn man diese Eigenschaften einfach trennt.

Letzteres müssen wir ständig tun, denn ich wüsste keinen Weg wie man die Legierungen metallurgisch herstellt, wie man derartig große Gießformen baut und wie man diese riesigen Mengen an Metall dann auch noch gießt. Ich habe mich bei MAN erkundigt ob man dort einen Weg wüsste. MAN gießt die größten Gussteile der Welt, nämlich Motorblöcke für Schiffsdiesel. Doch dort wusste man mich auch nicht zu beraten.
Meine Lösung ist ganz einfach. Sie lautet: Gefüllte Kunstharze. Kunstharze gibt es in unzähligen Formen und Eigenschaften.

Es gibt Polyesterharze, Polyurethanharze, Epoxidharze u.s.w., jeweils noch weiter unterteilt nach ihren mechanischen, thermischen und sonstigen Eigenschaften.
Einige haben so gute mechanische Eigenschaften, dass man ganze Autos oder Flugzeuge daraus baut. Nur haben sie leider nicht die metallurgischen Eigenschaften, die es für den Raumschiffbau braucht.
Glücklicherweise gibt es die Möglichkeit des sogenannten Füllens. Dabei werden kleinste Metallpartikel in das Harz eingebracht. Zwar erhält man hierdurch keinesfalls eine Legierung, doch übertragen sich die gewünschten Eigenschaften der jeweiligen Metalle auf das Harz und machen es ebenso nutzbar, als handele es sich um eine Legierung.
Dies betrifft allerdings nur eben jene Eigenschaften, über die ich bereits berichtete. Die mechanischen Eigenschaften bestimmen wir durch die Wahl des richtigen Harzes und moderner Verarbeitungsmethoden.

Um die gewünschten Eigenschaften zu erreichen müssen die Metalle oft, aber nicht immer, sehr feinkörnig sein. Ich habe die

Körnung in den jeweiligen Zusammensetzungen angegeben. Man kann es auch mit gröberen Körnungen versuchen aber es besteht dann die Gefahr, dass die gewünschte Eigenschaft nicht erreicht wird weil die Verteilung im Harz nicht fein genug ist und das Material von der Raumenergie nicht wie das entsprechende Metall, sondern wie ein Kunststoff behandelt wird. Es ist wichtig, dass alle Zusätze, die man dem Harz hinzufügt, nicht reaktiv sind weil ansonsten die Eigenschaften des Harzes verändert werden. Teilweise habe ich mit der Zugabe von metallischen Salzen anstelle des Metalls experimentiert; ich halte diese Experimente jedoch für gescheitert, obwohl meine Testmöglichkeiten nicht sehr aussagekräftig sind. Es ist durchaus denkbar, dass auch die Zugabe von metallischen Salzen eine probate Lösung darstellt.

Wichtig ist auch, dass das Verhältnis zwischen Harz und metallischer Füllung so gewählt wird, dass ein mögliches Maximum an Metallen eingebracht wird, ohne die Bindefunktion des Harzes zu beeinträchtigen. Es sollten daher für fast alle Belange Harze gewählt werden, die von Hause aus ungefüllt sind. Meiner Erfahrung nach ist die Bindefunktion des Harzes so lange noch gegeben, solange die homogene Mischung flüssig ist. Wird sie hingegen körnig und verliert ihre Fließeigenschaften, büßt sich auch an Bindekraft ein. Hierbei gilt: Je feiner der Füllstoff umso größer ist die Menge, die eingebracht werden kann. Die Menge des Füllstoffs ist aber auch von der gewählten Art der Verarbeitung abhängig. Im schichtweisen Auftragsverfahren können grundsätzlich zähflüssigere Mischungen zum Einsatz kommen, als beim Gießverfahren. Da ich beide Verfahren anwende, muss ich unterschiedliche Komponentensysteme entwickeln.
Diese sind jedoch nicht in Stein gemeißelt. Sie hängen auch von den jeweiligen Komponenten ab und sogar vom Wetter. Man sollte ein Gießharz auf keinen Fall zu weit füllen, dass seine Fließeigenschaften allzu sehr eingeschränkt werden. Es

würden Luftblasen entstehen, die man auch durch ein starkes Vakuum kaum mehr ausbringen würde und die die gewünschten Eigenschaften infrage stellen könnten.

Atiks A

Atiks A ist eines, der am häufigsten benutzten Materialien. Es wird nicht gegossen, sondern im schichtweisen Aufbau verwendet. Dort, wo besondere Festigkeit vonnöten ist, wird Atiks A im Wechsel mit reinem Epoxidharz und Carbonfasermatten verwendet.

Atiks A besteht aus einem ungefüllten Polyurethan-Gießharz mit folgenden Zusätzen:
Aluminium 82%
Titanium 8,8%
Kupfer 9%
Selen 0,1%
Arsen 0,1%

Die Metalle und Halbmetalle werden entsprechend ihrer Raumanteile miteinander vermischt. Das Mischungsverhältnis zwischen Harz und der Metallmischung beträgt 40% Harz zu 60% Metall, ebenfalls wieder nach Raumanteilen gemischt. Es ist darauf zu achten, dass ein kalthärtendes, elastisches 2-Komponenten-Harz mit langer Topfzeit (> 2h) und geschlossenporiger Struktur gewählt und die beiden Komponenten des Harzes vor der Verfüllung gut miteinander vermischt werden. Daraufhin wird das Metall hinzu gefügt. Die Körnung der Metalle sollte < 0,1 mm betragen.
Atiks A wird u.a. beim Aufbau des Hauptkörpers des Raumschiffes verwendet.

Atiks B

Atiks B ist ein enger Verwandter von Atiks A. Allerdings kann dieses Material in offenen und geschlossenen Formen vergossen werden. Zum Einsatz kommt hier ein ungefülltes Polyurethan-Gießharz mit einer Topfzeit von ca. 30 Minuten. Es ist darauf zu achten, dass es sich um ein geschlossenporiges, kalthärtendes Zwei-Komponenten-Harz handelt. Das Mischungsverhältnis Harz/Metall beträgt in diesem Fall 55% Harz zu 45% Metall. Die Zusammensetzung der Metallmischung kann von Atiks A übernommen werden. Durch den, insgesamt geringeren Metallanteil im Harz kann die wichtige Komponente Titanium aber auch prozentual zu Lasten des Aluminiums erhöht werden.

Elium A
Gewissermaßen einen Eigenschaften-Gegenpol zu Atiks liefert Elium. Handelt es sich bei Atiks um ein Material, das Raumenergie in sich aufnehmen und weiterleiten kann, so stellt Elium ein Material dar, dessen diesbezügliche Eigenschaften genau entgegengesetzt sind.

Elium A ist für den schichtweisen Aufbau konzipiert, während Elium B für den Guss konzipiert ist.

Elium A besteht aus einem ungefüllten, elastischen und geschlossenporigen Polyurethan-Gießharz, das auf Zwei-Komponenten-Basis kalt aushärtet.

Die metallischen Zusätze bestehen aus:
Eisen 79%
Nickel 20,5%
Bor 0,3%
Selen 0,1%
Arsen 0,1%

Alle Metalle und Halbmetalle werden entsprechend ihrer Raumanteile vermischt. Ihre Körnung sollte möglichst fein sein, keinesfalls jedoch > 0,1mm.
Das Trägerharz soll aus zwei Komponenten bestehen, die zu

gleichen Gewichtsteilen miteinander vermischt werden. Es muss darauf geachtet werden, dass es sich um ein Harz mit gewisser Elastizität handelt und dass es geschlossenporig ist. Andernfalls würde die homogene Verteilung der Metalle fehlschlagen, da Gase entstünden, die die Metalle willkürlich verteilten.
Das Mischungsverhältnis zwischen Harz und Metallen beträgt 40% Harz zu 60% Metall.
Bei Elium B beträgt es näherungsweise 55% Harz zu 45% Metall und sollte so eingestellt sein, dass die Masse gießfähig ist.

Aus Elium werden vor allen Dingen solche Bauteile hergestellt, die Isolierende auf Raumenergie wirken sollen. Es kann sein, dass die Mischungsverhältnisse angepasst werden müssen, je nachdem welche Rohstoffe man verwendet. Das gilt für alle angegebenen Mischungsverhältnisse, also sowohl für die Mischungen der Metalle untereinander als auch die Verhältnisse zwischen den Metallen und den Harzen. Ich habe noch kein optimales Harz gefunden und arbeite derzeit mit RUP Formgießharzen. Ohne Füllung würden sie eine gummielastische Struktur annehmen. Mit Füllung werden sie steifer und härter. Ihre Elastizität verhindert, dass die Bauteile allzu schnell brechen.

Maße

Um die Kosten so gering wie möglich zu halten und weil es sich lediglich um ein Funktionsmodell handeln soll, mit dem bewiesen werden soll, dass der Antrieb funktioniert, habe ich versucht, das Raumschiff so weit wie möglich zu verkleinern. Leider ist dies nicht unbegrenzt möglich. Bei einer zu starken Verkleinerung geraten einige Elemente in den mikroskopisch kleinen Bereich, so dass durch die Anschaffung spezieller Fertigungsgeräte, die diese Größenordnungen bewältigen können, die Kosten wieder steigen würden.
Ich habe daher ein so starke Verkleinerung gewählt, wie es gerade noch eben vertretbar war, ohne auf spezielle Fertigungsmaschine oder Werkzeuge angewiesen zu sein. Das Raumschiff wird auf diese Weise jedoch noch immer rund 2 Meter im Durchmesser betragen.

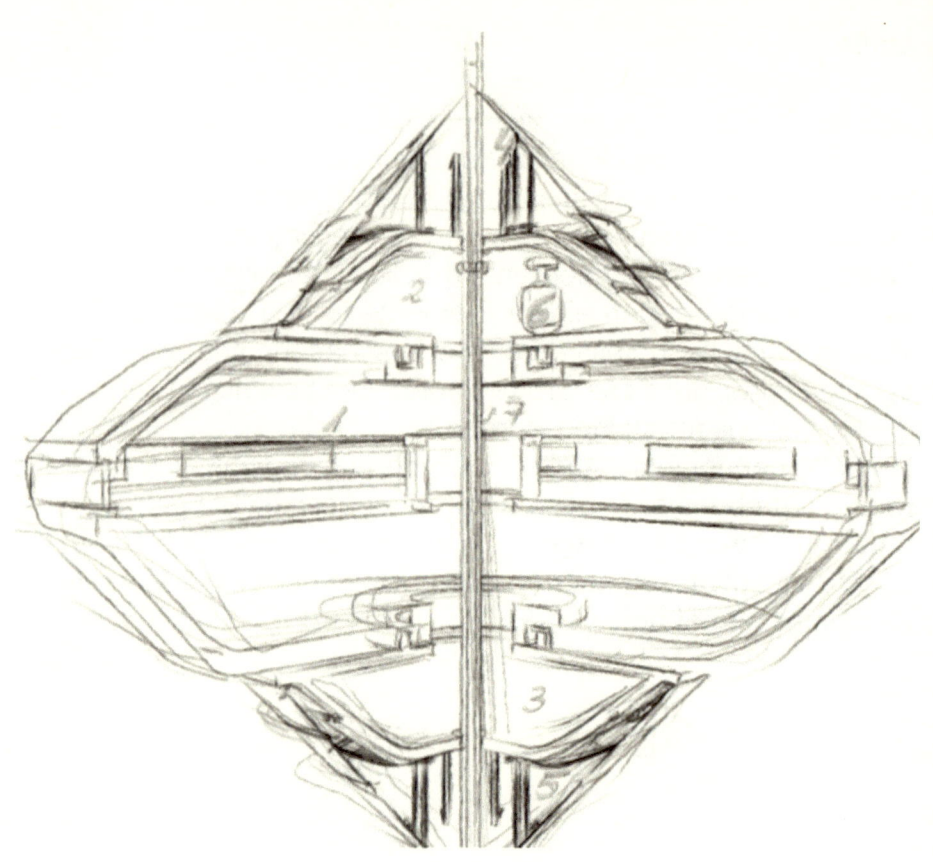

Das sind die Einzelteile des Raumschiffs:

1 Kabine
2 Karosserie-Oberteil
3 Karosserie-Unterteil
4 Antriebskonus oben
5 Antriebskonus unten
6 Motor
7 Antriebswelle

Der Aufbau

In der Mitte befindet sich eine Kabine, also praktisch die Quartiere und die Brücke des Raumschiffs. Sie ist von innen mit einem Material verkleidet, das ihr Inneres vor der Raumenergie abschirmt. Die Raumenergie fließt an der Außenseite des Schiffs, dringt jedoch nicht in die Kabine ein. Ich habe die Kabine in zwei Bereiche unterteilt. Im oberen Bereich wird das Raumschiff geflogen während sich im unteren Bereich die Quartiere der Mannschaft und der Passagiere befinden.

Oberhalb und unterhalb der Kabine sind zwei Bauteile angebracht, die ich als Karosserieteile bezeichnet habe. In Wirklichkeit handelt es sich eher um Maschinenräume, die auch betreten werden können. Ich weiß noch nicht, ob auch sie von innen gegen die Raumenergie abgeschirmt werden müssen. Eigentlich ist Raumenergie ungefährlich und meinen Berechnungen nach funktioniert der Antrieb umso besser, je besser er durch das Raumschiff zirkulieren kann. Es wird sich später noch zeigen, ob eine Abschirmung notwendig sein wird oder nicht.

Die wichtigsten Bauteile befinden sich oberhalb und unterhalb der beiden Karosserieteile. Es handelt sich um konische Bauteile, die aus mehreren einzelnen Ringen zusammengesetzt und in einer ganz bestimmten Art und Weise verkabelt werden. Während des Betriebs rotieren sie, und zwar beide in die gleiche Richtung. Diese Rotationsbewegung bedarf eines zusätzlichen Antriebs, der durch einen kleinen aber starken Motor zur Verfügung gestellt wird. Der Motor befindet sich im oberen Maschinenraum und ist über einen Antriebsriemen mit einer Welle verbunden, die von oben bis unten durch das gesamte Raumschiff reicht und die beiden Antriebskoni in Drehbewegung versetzt. Er wird mit normalem Strom betrieben und wird nur so lange benötigt bis eine bestimmte Rotationsgeschwindigkeit erreicht ist. Beim Anlauf wird die gesamte Apparatur mit

Raumenergie gespeist, d.h. sie zieht Raumenergie an, wandelt sie in neutrale Raumenergie um, welche Arbeit verrichten kann und wird auf diese Weise in Betrieb gesetzt. Ist die benötigte Rotationsgeschwindigkeit erreicht, kann der Motor ausgeschaltet werden. Dadurch, dass das Raumschiff durch seine Bewegung immer weitere Raumenergie anzieht und in verarbeitbare Energie umwandelt, erhält sich die Drehbewegung. Es handelt sich hier also um ein erweitertes Perpetuum Mobile, also um ein Gerät, das sich selber in Bewegung hält und dabei zusätzlich überschüssige Energie auswirft. Doch wenn man die zugrunde liegende, erweiterte Physik hinter dem Antriebskonzept erkennt, dann bemerkt man, dass es sich keineswegs um ein echtes Perpetuum Mobile handelt, da die Apparatur darauf angewiesen ist, dass fortlaufend Energie von außen zugeführt wird. Bei dieser Energie handelt es sich um Raumenergie oder Magnetenergie. Man kann sie nennen wie man will. Letztendlich handelt es sich um eine Energie, die auch für Gravitation verantwortlich ist. Wenn man erst erfährt, wie wundersam einfach die Dinge miteinander verknüpft sind und dass Energie in schier unendlich Form überall im Universum vorhanden ist, dass diese Energie unerschöpflich ist, weil sie nur von einem Zustand in einen anderen umgewandelt wird wie Wasser mal in Eis und mal in Dampf vorkommen kann, dann wird man die Welt mit ganz anderen Augen sehen. Unsere Menschheit setzt auf ein völlig unzureichendes Energiekonzept, das nicht nur umständlich ist, sondern auch langfristig die Erde zerstört.

Die erste Menschheit hatte auf ein ganz anderes Energiekonzept gesetzt und ihre Maschinen darauf ausgelegt. Beide Maschinenformen funktionieren nicht mit der Energie des jeweils anderen Systems. Man kann die Energie aufwändig umwandeln aber wozu sollte man eine Maschine bauen, die kraftvoll mit Raumenergie Arbeit verrichten kann, nur um damit einige Millivolt einer Energie zu erzeugen, mit der Elektromotoren betrieben werden?

Die gleiche Energie, die das Raumschiff antreibt, ist uns in vielerlei Formen bekannt aber man erkennt dabei nicht, dass es sich letztendlich um immer ein und die selbe Energieform handelt, die uns letztendlich nur in verschiedenen Formen begegnet. Auch Magnetismus gehört dazu. Magnetismus ist praktisch die primitivste Form dieser Energie und es ist jene Form, die am einfachsten anzuziehen ist.

Dieses Anziehen ist eines der grundlegensten Elemente bei der Raumenergie. Man kann sie nicht einspeisen wie man das mit elektrischem Strom tut. Man kann sie nur anziehen indem man eine Vorrichtung baut, die diese Aufgabe bewerkstelligen kann. Hat man sie erst einmal angezogen, kann man sie in eine Form umwandeln, die man für seine Aufgabenstellung benötigt. Im Falle des Raumschiffs handelt es sich um eine besondere Form der Gravitation, die es in die Luft erhebt und mit unglaublicher Geschwindigkeit beschleunigt. Und auch dabei wird auf das anziehende Konzept gebaut. Es gibt keinen Schub, der das Schiff gegen die Erdanziehung stemmt und mühsam in den Himmel hebt. Stattdessen wird das Raumschiff von der, es umgebenden Gravitation abgekoppelt und erhält ein eigenes Gravitationsfeld, dessen Richtung und Stärke frei bestimmbar ist und das sich ausschließlich auf das Raumschiff auswirkt. Gleichzeitig wird ein Teil der angezogenen Magnetenergie in eine Form umgewandelt, die Arbeit verrichten kann und die Antriebskoni in Rotation versetzt. Durch die Rotation wird gewährleistet, dass immer neue Magnetenergie angezogen wird und der Betrieb so lange nicht stoppt, bis man das Anziehen neuer Magnetenergie unterbricht. Das geschieht, indem ein Teil der Konstruktion aus seiner, sorgsam durchdachten Balance gebracht wird. Der Strom der Magnetenergie reißt ab, es wird keine Raumenergie umgewandelt, die Drehbewegung der Antriebskoni stoppt und die Gravitationsblase löst sich auf.
Es soll hier deutlich betont werden, dass das Raumschiff nicht verschleißfrei arbeiten kann. Tatsächlich dürfte der Verschleiß

erheblich sein. Insbesondere die rotierenden Teile, sowie Kontakte und frei bewegliche Bauteile, die sich in ständiger Bewegung befinden, dürften diesem Verschleiß unterliegen.
Es ist somit von vorn herein darauf zu achten, möglichst verschleißarme Materialien zu verwenden und ausreichende Lagerung und Schmierung zu achten.

Leider ist man beim Bau der Vorrichtung weitgehend auf Materialien mit besonderen Eigenschaften angewiesen, deren Notbehelf die vorgestellten Materialien Atiks und Elium darstellen. Beide Materialien weisen allerdings nicht die gewünschte Verschleißarmut auf, weshalb in diesem Bereich noch geforscht werden muss.

Das obere Karosserieteil

Als erstes wird das obere Karosserieteil gefertigt. Es ist stumpfkonisch und innen hohl. Am unteren Rand befindet sich eine Kante in der später der obere Antriebskonus geführt wird. Auf halber Höhe ist eine Nut eingelassen.

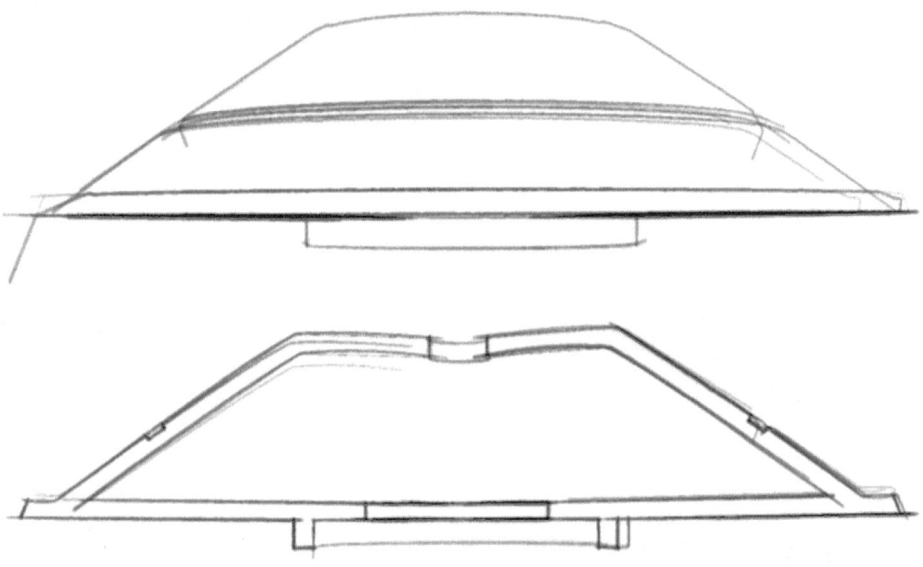

Die Wandungsstärke mit der das Bauteil gefertigt wird, ist nicht maßgeblich. Wichtig ist hingegen, dass im Inneren ausreichend Platz für einen Antriebsmotor belassen bleibt.
Der äußere Durchmesser beträgt 1470mm; die Höhe über alles beträgt 357mm. Alle anderen Maße können davon abgeleitet werden. Wichtig ist ein Böschungswinkel von exakt 90 Grad.
Ich habe versucht, das Bauteil in zwei separaten Hälften zu gießen und diese danach zusammen zu fügen. Nachdem ich damit gescheitert bin, habe ich das Bauteil zunächst aus Polystyrolplatten gefertigt und diese dann mit Atiks A von beiden Seiten ummantelt. Als Abschluss wurde eine leichte Handla-

minatschicht aus Epoxid-Laminierharz und Carbonfiber aufgebracht. Die Oberfläche wurde geschliffen und lackiert.

Man muss darauf achten, dass man nach der Fertigstellung noch Zugang zum Innenraum hat, da dieser als Maschinenraum dient. Ich habe die untere Öffnung so groß gelassen, dass ich hindurch kriechen kann um einen Motor, eine Welle und ein Kugellager einbauen zu können. Man sollte unbedingt darauf achten, dass das Bauteil gleichmäßig und ohne allzu große Unwucht gefertigt wird. Zwar ist es keiner Rotation ausgesetzt, doch dient es, wie fast jedes Bauteil des Raumschiffes, als Leiter für die Raumenergie.

Der Antriebskonus

Das zweite Bauteil, das gefertigt werden muss, ist der äußere Antriebskonus. Er sitzt später auf dem oberen Karosserieteil und wird mit diesem verschraubt.

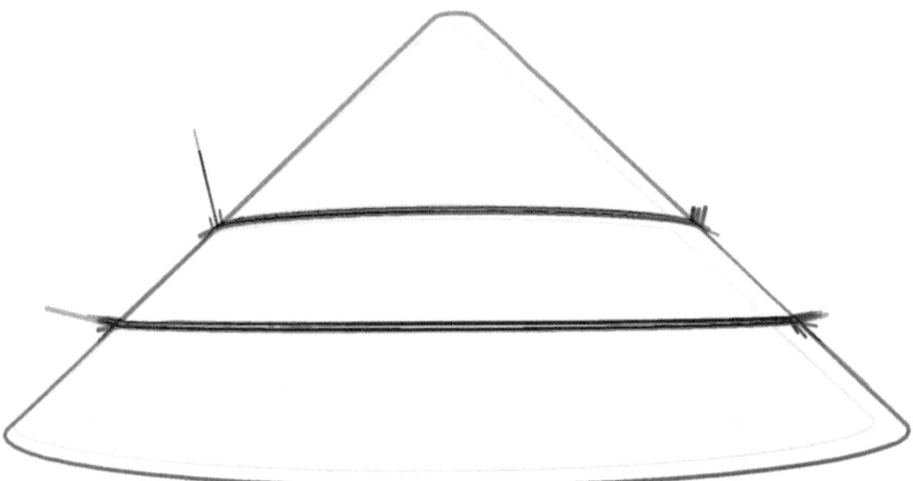

Es ist zu beachten, dass jeder Antriebskonus in Wirklichkeit aus drei separaten, konischen Ringsektionen besteht, die wiederum mittels dreier Messingringe miteinander verbunden werden.

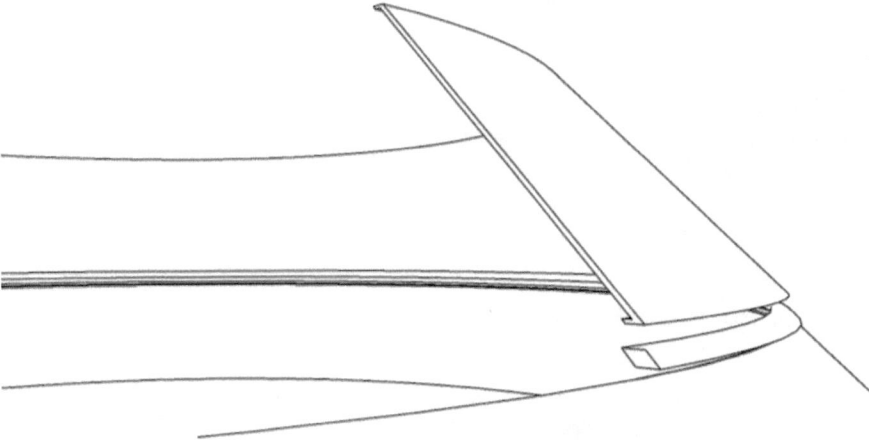

Jeweils zwischen den einzelnen Verbindungen wird eine Isolation aus Glimmerpapier aufgebracht. Aufgrund ihrer besonderen Eigenschaften können diese Bauelemente nicht einfach aus einem einzigen Blech gefertigt werden, was aus Sicht des Mechanikers wesentlich einfacher wäre.

Zunächst geht es um die Außenhülle, die ich aus leichten Aluminiumblechen gefertigt habe. Sie lassen sich gut mit einer amerikanischen Hebelschere, der sogenannten Beverly Shear, schneiden, da man damit sehr gut Bögen schneiden kann. Um sie in Form zu bringen, braucht es ein hölzernes Rahmengestell. Die Fügung erfolgt mittels Verklebung. Ich habe es als

schwierig empfunden, diese dünnen Bleche mittels WIG-Schweißverfahren zu verschweißen und überlappen sollten die Bleche auf keinen Fall. Die Nahtstelle muss keiner großen Belastung standhalten, da die Koni im weiteren Arbeitsverlauf auf ihren Innenseiten mit Atiks A verkleidet werden. Dies sorgt u.a. für eine ausreichende Stabilität.

Die Verklebung erfolgte daher temporär durch Überkleben eines geeigneten Blechstreifens mittels großer Mengen an Gaffatape. Auf diese Weise lassen sich die Klebekanten sehr gut bündig ausrichten und in ihren Lagen fixieren.

Insgesamt wird der obere Antriebskonus aus drei Teilen zusammengesetzt die mittels zweier Ringe verbunden werden. Die Ringe bestehen aus Messing oder Bronze und werden auf einer hydraulischen Biegemaschine in Form gebogen.

Es ist darauf zu achten, dass an den Verbindungsstellen der einzelnen Konusteile jeweils Lippen ausgearbeitet werden, die mit den Ringen bündig abschließen. Hierzu kann eine ausreichend dimensionierte Sickenmaschine zum Einsatz kommen.

Wichtig ist ferner, dass der Böschungswinkel des Konus exakt 90 Grad beträgt und dass seine unterste Lippe knapp oberhalb der Kante des oberen Karosserieteils zu sitzen kommt. Das heißt, die Maße des Konus müssen so gewählt sein, dass er keinesfalls breiter ist, als besagte Kante des oberen Karosserieteils. Im vorliegenden Fall beträgt der größte Durchmesser des Konus 1439mm. Seine Höhe beträgt insgesamt 680mm, davon entfallen 150mm auf den ersten Konus, 150mm auf den zweiten Konus und 375mm auf den dritten Konus, wobei jeweils die Kathete vermessen wurde. Insgesamt 50mm machen die Ringe aus. Bei der Berechnung des dritten Konus ist in Rechnung zu setzen, dass die eigentliche Spitze fehlt. Die, dadurch entstehende Öffnung hat einen Durchmesser von 76mm.

Wenn alle Konusteile fertiggestellt und miteinander verbunden sind, werden sie auf der Innenseite mit einer 10mmm, dicken Schicht aus Atiks A bedeckt. Zuvor werden 70 Styroporstreifen

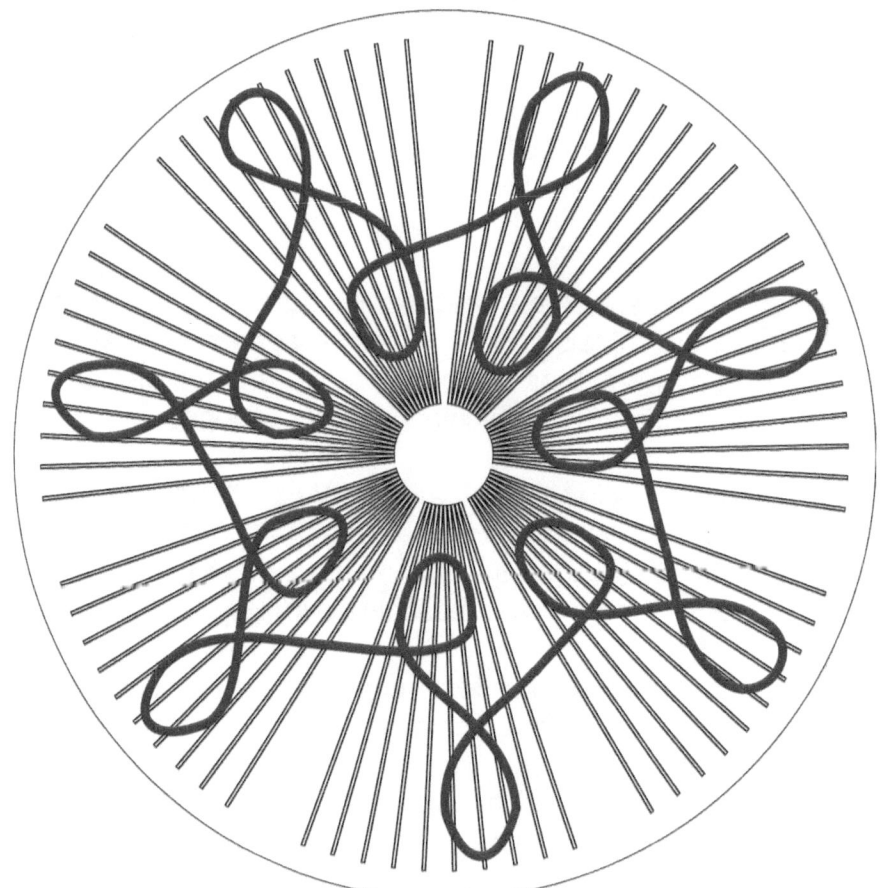

mit einer Dicke von 10mm und einer Breite von 5mm von innen in den Konus geklebt, und zwar so, dass sie jeweils von der Spitze bis 7,5 cm vor der Unterkante reichen. Sie werden in sieben Gruppen zu je zehn Streifen auf der Innenseite verteilt. Dabei beträgt der Winkel zwischen den einzelnen Streifen einer Gruppe jeweils 4,4 Grad und der Winkel zwischen den Gruppen jeweils 12 Grad. Siehe Bild. Da es schon bei diesem Maßstab zu Platzmangel kommt und die Streifen nicht alle in die Spitze passen, müssen sie nach oben hin auf 3,5mm verschmälert werden. Danach werden, der Zeichnung entsprechend weitere Styropor-Platzhalter für die Verbindungskabel angebracht.

Nun wird das Atiks A zwischen den einzelnen Streifen aufgetragen. Wenn es ausgehärtet ist, werden die Styroporstreifen mit einem scharfen Messer entfernt und zurück bleiben 70 Nute in die später die Verkabelung eingelegt wird sowie die achtförmigen Nuten für die Verbindungakabel.

Hauptverkabelung

Nun ist es an der Zeit, die Hauptverkabelung vorzubereiten. Dazu werden insgesamt 7 Stränge aus unisoliertem Kupferdraht mit einer Stärke von jeweils 0,6mm zu einem Bündel zusammen gefasst. Es ist dringend angeraten, diese sieben Kupferstränge von sieben separaten Rollen laufen zu lassen, die so aufgehängt sind, dass ein leichtes Abrollen möglich ist. Zunächst werden die Drahtstränge lose mit Klebefilm umwickelt damit sie vorläufig fixiert sind. Auf diese Weise werden mehrere Meter Drahtbündel hergestellt.

Nun wird das erste, provisorisch fixierte Drahtpack an seinen Platz im Inneren des Konus gelegt. Dabei wird wie folgt vorgegangen (ich verkabele in diesem Schritt sozusagen rückwärts):

Zuerst bekommen die Nuten eine fortlaufende Nummer, wobei man sich nach links voran arbeitet. D.h. die Nut links neben der Nut 1 bekommt die Nummer 2 u.s.w.. Diese wird mit Filzschreiber innen neben die Nute geschrieben.

Es wird unterhalb von Nut 22 begonnen. Dort wird das Drahtpack mit einem Klebebandstreifen vorläufig befestigt. Dann wird es an der Innenseite der Unterkante des Konus entlang nach rechts bis zu Nut 11 verlegt und auch dort (sowie zwischendurch immer wieder) fixiert.

Nun verläuft das Drahtpack durch die Nut 11 nach oben zur Spitze des Konus, beschreibt dort einen Bogen und verläuft durch die Nut 1 wieder zum Fuß des Konus zurück. Nach einer weiteren Fixierung verläuft es dann an der inneren Unterkante des Konus zu Nut 12. Damit ist das erste Kabel verlegt. Leider muss es wieder entfernt werden, da es noch nicht umwickelt wurde. Die erste Fixierung erfolgte lediglich zur Maßerlangung.

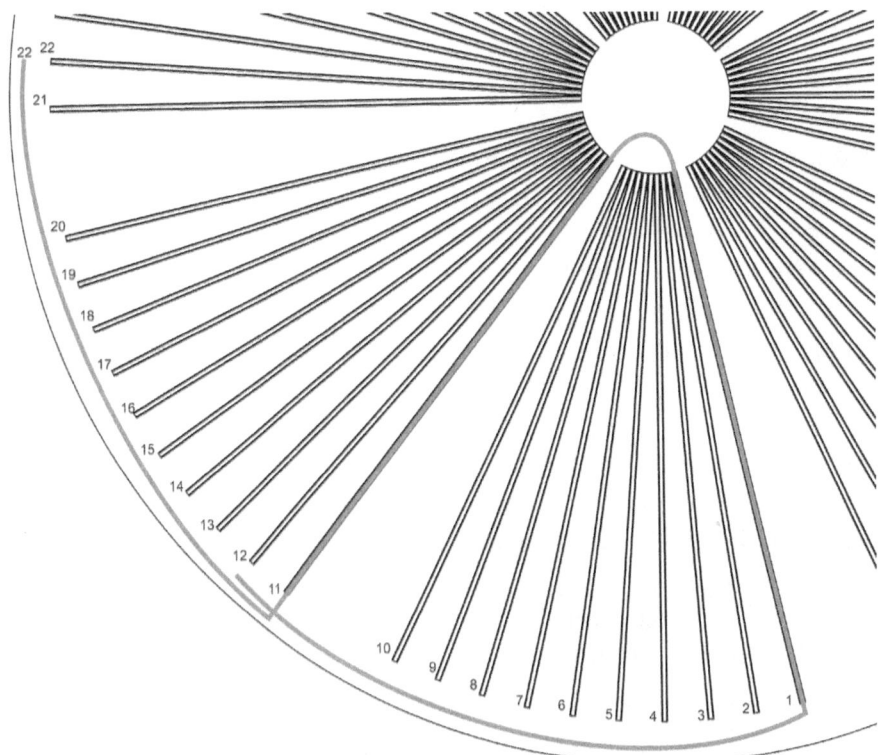

Das Drahtpack kann nun abgelängt werden. In gleicher Weise verfahren wir mit den anderen Drahtpacks da davon ausgegangen werden kann, dass alle Längen identisch sind.

Nachdem es abgelängt wurde, kann man es wieder entnehmen und ausmessen. Vom Maß zieht man dann ca. 40mm ab und teil den Rest durch 384. Dadurch erhält man einen Wert, der unbedingt einzuhalten ist. Es die Strecke, die jeweils eine der Schleifen einnehmen darf. Man kann diesen Wert mit zehn multiplizieren und erhält nun die Strecke für jeweils zehn Schleifen. Es ist einfacher, so vorzugehen, als jede Schleife einzeln auszumessen. Es ist für die Funktion des Raumschiffs unerlässlich, dass keines der Drahtpacks mehr oder weniger, als 384 Schleifen durch ein spezielles Wickelverfahren erhält.

Vor dem Umwickeln ist es ratsam, den Startpunkt und dann alle x Zentimeter (für jeweils zehn Schleifen) auf dem Drahtpack zu markieren.

Begonnen wird ca. 40mm vom Startpunkt des Drahtpacks entfernt. Dies ist der Startpunkt für das Wickeln. Umwickelt wird mit einem dünn isolierten Kupferdraht. Dieser wird zunächst in der Mitte gefaltet. Die Faltstelle wird dann unter dem Drahtpack am Startpunkt platziert. Nun wird die linke Seite um das Drahtpack gewunden und sofort danach die rechte Seite. Es entsteht auf diese Weise die erste Schleife.

Beim weiteren Umwickeln in dieser Art entstehen abwechseln auf der Ober- und Unterseite des Drahtpacks derartige Schleifen. Ist die erste Markierung erreicht, sollten es exakt zehn Schleifen (fünf auf der Oberseite und fünf auf der Unterseite) sein. Ist dies nicht der Fall, muss enger oder weniger eng gewickelt werden. Beim erreichen der zweiten Markierung sollten es insgesamt 20 Schleifen sein u.s.w.

Man fährt so fort bis das gesamte restliche Drahtpack umwickelt ist und die Zahl der Schleifen 384 beträgt.

Nun kann das umwickelte Drahtpack in den Konus eingesetzt werden. Dabei liegt das freie Ende unterhalb von Nut 11, verläuft von dort entlang der unteren Innenkante des Konus zu Nut 1, dann durch Nut 1 nach oben zur Spitze des Konus, beschreibt dort einen Bogen zu Nut 11, verläuft durch Nut 11 wieder zurück zum Fuß des Konus und von dort, entlang der unteren Innenkante des Konus zu Nut 22. Es ist also der umgekehrte Weg des eben, beim Vermessen beschriebenen.

Ist Drahtpack zwei umwickelt, startet es unterhalb von Nut 12, verläuft von dort zu Nut 2, durch Nut zwei nach oben zur Spitze des Konus und durch Nut 12 zurück nach unten, um am Ende bei Nut 23 anzugelangen.

Dies wird auf die gleiche Weise und nach dem gleichen Schema mit allen 70 Drahtpacks durchgeführt. Dabei werden alle Drähte, die an der inneren Unterkante des Konus' verlaufen, möglichst gut und platzsparend in der Kante verstaut, die durch die, nach innen ragende Lippe entsteht. Es ist wichtig, dass kein Draht hervor schaut.

Alle Verbindungen und Befestigungen sind zunächst provisorisch vorzunehmen. Erst wenn alle Drahtpacks (auch die Verbindungskabel) an ihrem Platz sind, können kleine Kunststoffstreifen so über die Nuten geklebt werden, dass die Drähte nicht herausfallen.

Damit ist der erste und wichtigste Teil der Verkabelung für den oberen Antriebskonus abgeschlossen.

Befestigungsteile

Es ist nun angeraten, zu prüfen, ob Konus und Karosserieteil aufeinander passen. Dazu fertigt man am einfachsten sieben passformgerechte Halterungen, die am Konus in den breiteren, 12 Grad betragenden Lücken zwischen den Kabeln befestigt werden. Sie werden ebenfalls mit einer Halteplatte, die kugelgelagert in der oberen Bohrung des Karosserieteils befestigt wird, verschraubt. Es ist darauf zu achten, dass am unteren Rand, dort, wo sich die Kante des Karosserieteils befindet, ein Spalt von ca. 5mm zwischen Konus und Karosserieteil verbleibt. Dieser wird im späteren Verlauf durch Schleifkontakte überbrückt.

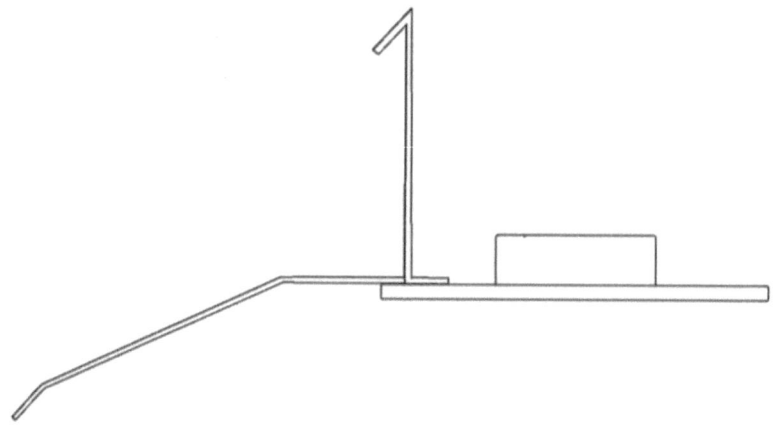

Es dreht sich hinterher im Betrieb der Konus während das Karosserieteil starr auf der Kabine montiert wird.

Bevor der Konus angepasst wird sollte man jedoch noch den Magnetsatz einbauen, um ganz sicher zu stellen, dass alle Bauelemente ausreichend Spielraum haben.

Die Abstände zwischen den Magneten und der inneren Wandung des Konus ist kritisch. Es muss darauf geachtet werden, dass jeder Magnet in der Lage ist, mit der Wandung des Konus in Kontakt zu kommen. Gleichzeitig muss darauf geachtet werden, dass die Verkabelung so weit in den Nuten verschwindet, dass sie niemals in direkten Kontakt mit dem Magneten kommt.

Je Magnethalterung kommt maximal ein Magnet mit dem Antriebskonus in Kontakt während der andere entsprechend weit nach innen schwenkt. Um dieses Schwenken zu ermöglichen wurde die Nut im Karosserieteil eingelassen.

Der Konus ist erst dann (vorläufig) richtig verkabelt wenn er sich frei auf dem Karosserieteil drehen lässt, ohne zu verhaken und wenn die Spalte zwischen Karosserieteil und Konus so groß sind, dass jeweils nur ein Magnet je Halterung mit dem Konus in Kontakt kommt.

Der Magnetsatz

Der Magnetsatz besteht aus vierzehn Ferrit-Permanentmagneten, die in sieben Sätzen je zwei Magnete zusammengefasst und gleichmäßig entlang der Nut im Karosserieteil angebracht werden. Dabei muss besonderes Augenmerk darauf gelegt werden, dass alle Magnete frei beweglich befestigt werden und alle mit dem magnetischen Südpol nach links zeigen. Die Magnethalterungen sowie die Achsen, auf denen die einzelnen Magnete sitzen, werden aus Atiks B gegossen. Dazu werden zuerst Rohlinge aus Sperrholz und Rundholz gefertigt. Von diesen wird eine Negativform aus Silikonkautschuk hergestellt in welche abschließend alle Formteile gegossen werden.
Es wird darauf hingewiesen, dass die, hier vorgestellte Form der Magnetsätze und insbesondere der Magnethalterungen rein experimentell zu sehen sind. Tatsächlich könnte sich diese Form als nicht oder nicht ausreichend funktionell herausstellen. Insbesondere die Führung, die in der Halterung vorgesehen ist, könnte in dieser Form zu groß sein oder den Magnete nicht die richtigen Bewegungen erlauben.
Es muss darauf geachtet werden, dass sich die Magnete jeweils bis an den Rand des Antriebskonus und (auf der jeweils anderen Seite) bis an den Rand des Karosserieteils bewegen können müssen. Beide Oberflächen müssen »gerade so« berührt werden können. Zu weitere Bewegungen sind ebenso zu vermeiden wie eine zu starke Einschränkung der Bewegungsfreiheit. Werden die benannten Bewegungen als »vor und zurück« betitelt, so wird darauf hingewiesen, dass Bewegungen in die Richtungen »auf und ab« auf jeden Fall zu vermeiden sind, zumindest solange sie dazu führen, dass die Magnete aus der Führungsnut heraus gelangen. Ein gewisses Maß an Spiel auf dieser Achse ist jedoch kaum vermeidbar.

Die vorgestellte Halterung und der vorgestellte Magnetsatz stellen lediglich ein Probekonzept dar. Durch ständige Bewegungen unterliegen diese Bauteile einem besonders hohen Verschleiß. Dieser könnte u.a. durch den Einsatz von kugelgelagerten Halterungen minimiert werden. Dabei ist auf Beweglich in alle Richtungen bzw. auf allen Drehachsen zu achten. Es geht hier nicht nur darum, dem Magnetsatz eine Vor- und Zurückbewegung zu ermöglichen; im Zweifelsfall ist es auch (abweichend vom oben Gesagten) geboten, ihm die Bewegungsrichtungen auf und ab zu ermöglichen, allerdings nur in sehr begrenztem Maße.

Sollte dieses Konzept fehlschlagen, so sollte mit dem Gedanken gespielt werden, die beiden Magnete eines jeden einzelnen Magnetsatzes mit beweglichen Mittelteilen zu fertigen, so dass einem jeden Magneten eine größere und unabhängigere Bewegungsmöglichkeit geboten wird. Ich bin mir jedoch sehr sicher, dass dies, wenn überhaupt, nur in ganz geringen Maßen geschehen darf, da ein jeder Magnetsatz eine Einheit darstellt und die beiden Magnete eines Satzes nicht getrennt voneinander betrachtet werden dürfen. Sollte es also erforderlich sein, eine bewegliche Achse einzubauen, die die beiden Magnete flexibel miteinander verbindet, so sollte ein leicht federndes Material gewählt werden, das in seine ursprüngliche Form und Stellung zurück findet. Auf keinen Fall sollte hier ein gummiartiges Material verbaut werden.

Bei der Wahl der Permanentmagnete ist nicht auf ihre Anziehungskraft auf Eisen, sondern ihre Zusammensetzung zu achten. Keinesfalls sollte man Neodym- oder ähnliche Magnete verwenden, sondern möglichst reine Ferritmagnete.

Ist das gelungen, wird das untere Karosserieteil und der untere Antriebskonus gebaut, und zwar in der gleichen Weise, wie oben beschrieben. Es ist angeraten, so vorzugehen und die Verkabelung der Querverbindungen erst später anzubringen, da es mit voll verkabeltem Konus schwierig ist, die Haltebohrungen für die Haltestreben anzufertigen bzw. deren Lokationen überhaupt ausfindig zu machen.

Sind beide Karosserieteile und Koni gefertigt, werden sie zusammen montiert. Hierzu wird die Außenhülle der Koni an den richtigen Stellen durchbohrt und mit den Haltestreben verbunden, welche ihrerseits auf der, drehbar angeordneten Halteplatte fixiert sind.

Anschließend sollte es möglich sein, beide Koni frei zu drehen. Sollte hierbei eine Unwucht bemerkbar sein, könnte dies mit einer ungleichmäßigen Verteilung des Atiks A auf der Innenseite der Koni zusammenhängen. Eine 100%ige Auswuchtung ist zwar nicht nötig, es sollte jedoch andererseits auch keine allzu große Unwucht existieren, weil es ansonsten bei der Inbetriebnahme des Antriebs zu so starken Vibrationen kommen kann, dass Bauteile zerstört werden oder das gesamte Funktionsmodell um fällt.
Bei größeren Unwuchten sollte daher der Versuch unternommen werden, diese durch das Anbringen von Gewichten auf der Außenseite der Koni (etwa Bleiplatten) zu minimieren.

Mit dieser Aufgabe sollte man sich Zeit lassen und die Koni zwischenzeitlich mittels Elektromotor und Antriebsrad von außen auch auf höhere Umdrehungszahlen bringen.

Dabei ist ein Phänomen zu beobachten, das zu einer Fehlfunktion führen kann und in meinem Fall führte. Steigt die Drehzahl der Koni ist bei genauem Hinhören ein Klackern zu vernehmen. Dies rührt von den Magneten her, die abwechselnd mit den Koni in Kontakt treten.

Ist nun der Abstand zwischen Konus und Karosserieteil nicht richtig gewählt, können und werden sich die Magnete in den einzelnen Nuten verhaken und ihre Halterungen zerbrechen.

Hier ist eine Neujustierung der Abstände zwischen den Antriebskoni und den Karosserieteilen bzw. Magneten vorzunehmen. Bei richtigem Abstand laufen die Koni durch, ohne dass sich die Magnete verhaken.

Die Feinabstimmung dazu kann durchaus mehrere Monate in Anspruch nehmen. Ggf. könnte es auch nötig sein, die Bewegungsfreiheit der Magnete etwas einzuschränken. Auf keinen Fall sollten die Magnete in einem zu steilen Winkel auf die Innenseite der Koni auftreffen.

Erreicht die Drehgeschwindigkeit einen gewissen Punkt, wird das, zuvor sehr chaotisch anmutende Klackern plötzlich sehr gleichförmig. Dies ist als Zeichen dafür zu werten, dass die Vorrichtung in der vorgesehenen Weise arbeitet. Weitere Effekte, die auf einen ordnungsgemäßen Betrieb schließen lassen, sind zu diesem frühen Zeitpunkt noch nicht zu erwarten, da diese erst eintreten wenn beide Antriebskoni als Einheit miteinander arbeiten.

Die Umdrehungsgeschwindigkeit, bei der der genannte Effekt eintritt, scheint von vielerlei Faktoren abhängig zu sein. In meinem Fall trat er mal bei recht langsamen Drehgeschwindigkeiten von rund 40 U/min und mal bei recht hohen Drehgeschwindigkeiten jenseits der 100 U/min ein. Ich gehe davon aus, dass diese Unregelmäßigkeit mit einigen Unregelmäßigkeiten beim Bau der Vorrichtung zusammen hängt oder damit, dass noch keine Querverbindungen verkabelt wurden. Tatsächlich wurden die Drehzahlen nach Anbringung der Querverbindungsverkabelung vorhersagbarer und lagen dann bei rund 62 U/min. wenn der Effekt einsetzte.

Man muss jedoch deutlich betonen, dass derartig hohe Drehzahlen entweder nur nach einem sorgsam ausgeführten Auswuchtungsprozess durchführbar sind oder wenn die Karosserieteile fest auf einem vibrationsarmen Boden verankert wurden wobei es in letzterem Fall zu Vibrationsschäden kommen kann und hin und wieder auch kommen wird. Vibrationen beeinträchtigen zudem die gleichmäßige Arbeit der Magnete und sollten daher, zumindest soweit es mit handwerklichen Mitteln möglich ist, ausgemerzt werden.

Die Kabine

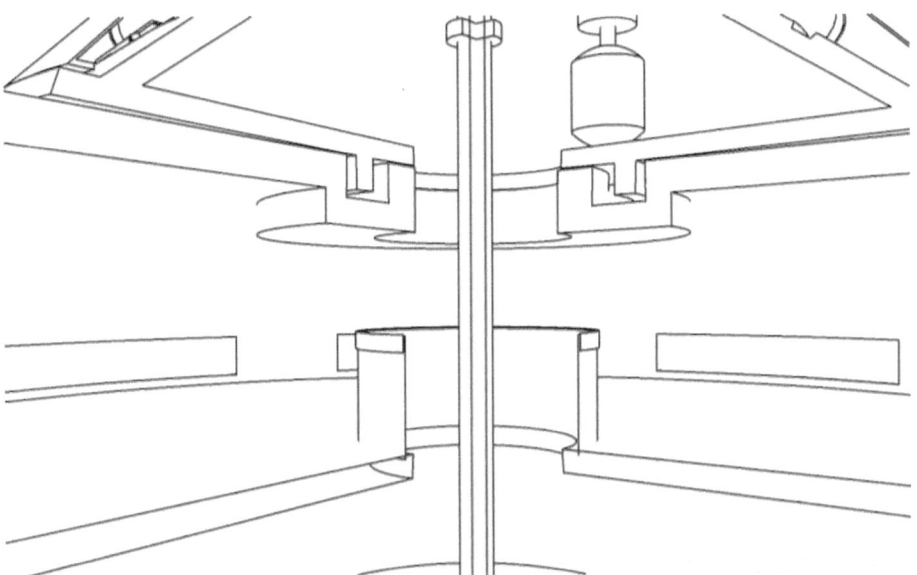

Nachdem der zweite, vollständige Satz Karosserieteil und Antriebskonus gefertigt wurden und die Koni so weit wie möglich ausgewuchtet wurden, ist es ratsam, sich der eigentlichen Kabine zuzuwenden. Die Kabine hat bei diesem Funktionsmodell keine weitere Bewandtnis, als die anderen Bauteile miteinander zu verbinden und den nötigen Energiefluss zu gewährleisten. Sie wird daher nicht so angelegt, dass sie etwa betreten werden kann. Etwaige Fenster sind reine Spielerei.

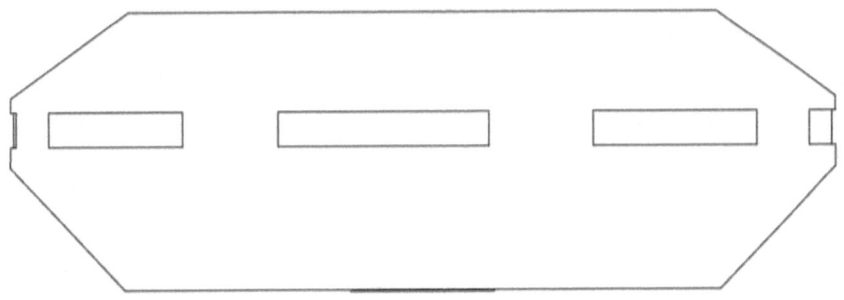

Bei der Wahl der Materialien ist darauf zu achten, dass im Außenbereich mit Atiks A und im Innenbereich mit Elium A gearbeitet wird. Ein Raumenergiefluss im Inneren des Cockpits ist nicht erwünscht.

Im Bau selber fließen die Erfahrungen ein, die beim Bau der Karosserieteile gesammelt wurden. Es wird zunächst ein Grundgerüst aus Polystyrol oder einem vergleichbaren, leicht zu bearbeitenden, leicht zu biegenden und leicht zu verklebenden Material gefertigt und dieses von außen mit Atiks A verkleidet. Die Innenseiten werden danach mit Elium A verkleidet. Abschließend wird die Außenhaut mit Carbonfiber oder einem ähnlichen Material verkleidet und sauber geschliffen. Es ist auf eine gleichmäßige Verteilung der Schichten zu achten, nicht nur der gefälligen Optik wegen, sondern auch um das spätere Flussverhalten der Raumenergie und damit das Flugverhalten nicht negativ zu beeinflussen.

Es wurde bei dem Funktionsmodell in Rechnung gestellt, dass es sich um ein Maßstabsmodell handelt. In der Originalgröße wäre die Kabine in dieser Form mindestens als 6 Meter hoch und in zwei Decks unterteilt. Die Unterteilung wurde auch im Funktionsmodell vorgenommen, allerdings nicht der »Bewohnbarkeit« des Raumschiffes wegen, sondern um ihm mehr Steifigkeit zu geben.

Es wurde auch ein Schutzgitter eingebaut, das den Passagieren eines Raumschiffes in Originalgröße etwas Sicherheit bietet. Dies jedoch ist reine Spielerei, die der Funktion weder zu- noch abträglich ist. Bei der Fertigung des Kabinenbauteils ist darauf zu achten, dass auf dem Dach sowie unter dem Fußboden entsprechende Führungsnute für die Karosserieteile vorgefertigt werden, damit diese später lückenlos angebracht werden können. Dabei ist es besonders wichtig, dass diese Führungsnute etwas tiefer und breiter gefertigt werden, als ihre

Gegenstücke an den Karosserieteilen. Hier entstehen später wichtige Sprungstellen an deren die Raumenergie an Kraft zunimmt.

Es stellte sich heraus, dass ein so großes Bauteil wie es die Kabine darstellt, nicht so einfach zu fertigen ist, wie ein Karosserieteil. Die Verwindungssteifheit ist bei der Verspachtelung so dürftig, dass sich die Seitenwände nach innen wölben wenn sie aus dünnem Plattenmaterial gefertigt wurden.

Das Rohmodell des Bauteils wurde daher in einem zweiten Versuch vollständig aus einem einzigen Block Styropor gefertigt, der zunächst mit Trennwachs behandelt und dann mit Polyesterharz und Glasfibermatten ummantelt wurde. Darauf wurde dann in mehreren Schichten das Atiks A aufgebracht, geschliffen und mit Carbonfiber umhüllt.

Danach wurde das Styropor-Blockmaterial aus dem Inneren des Bauteils entfernt was an den Randbereichen, trotz des Einsatzes von Trennwachs, zu einer mühevollen und nicht immer von Erfolg gekrönten Arbeit wurde.

Nach der Beseitigung des Füllmaterials wurde der Innenraum mit Elium A ausgekleidet. Hier wurde ein nur sehr dünner Schichtauftrag gewählt, der für ausreichend erachtet wurde. Bevor dieser Schichtauftrag erfolgte, wurden die Fensteröffnungen mit Acrylfolien verkleidet, was ebenfalls nur der Optik dient und den Eindruck erwecken soll, es handele sich um Fensterscheiben.
Es soll nicht versucht werden, zunächst eine Schicht Elium A und dann erst Atiks A aufzutragen, da dieser Auftrag, händisch durchgeführt, nicht gleichmäßig erfolgen kann. Die Schicht aus Atiks A würde keine gleichmäßige Form erhalten, was zu Funktionsstörungen führen kann.

Da die Schicht Elium A nur isolierende Eigenschaften aufweist, ist ihr gleichmäßiger Auftrag zweitrangig.

Zwar handelt es sich bei dem Funktionsmodell nur um ein verkleinertes Abbild eines Raumschiffs, doch sollte es der Optik eines großen Raumschiffs so nahe wie möglich kommen, um die Phantasien möglicher späterer Sponsoren anzuregen. Die Kabine ist sehr eng. Die Fenster befinden sich unmittelbar über dem Boden des oberen Stockwerks. Dies wäre ein Raumschiff für Ken und Barbie aber über die Optik als solche kann ich mich nicht beklagen. Es sieht zwar nicht aus wie ein klassisches UFO aber das muss es meiner Ansicht nach auch nicht wenn es später abhebt und fliegt.

Die Verbindungskabel

Es müssen nun die Antriebskoni wieder abgebaut und für eine weitere Verarbeitung zur Verfügung gestellt werden. Es ist wichtig, dass man die Justierungsarbeiten zu diesem Zeitpunkt abgeschlossen hat und die Postitionen für Befestigungsbohrungen bekannt sind bzw. alle Befestigungsbohrungen angelegt sind. Bei einem späteren Raumschiff in Originalgröße mag es allerdings sinnvoller sein, die Justierungsarbeiten erst nach der Einbringung der Querverbindungen vorzunehmen, da hier ausreichend Platz zur Verfügung steht und eben jene Querverbindungen wiederum zu neuen Problemen bei der Justierung und Auswuchtung führen könnten.
Im vorliegenden Fall wäre es jedoch nahezu unmöglich, die voll verkabelten Antriebskoni auf den Karosserieteilen zu justieren.

Die folgenden Schritte sollten erfolgen, da die Aktionen des gesamten Antriebssystems chaotisch sind. Die Zeitpunkte, da magnetische Energie durch das rotierende System angezogen wird, welche Polarität sie besitzt und ob sie überhaupt eine Polarität besitzt, sind nicht exakt vorher bestimmbar. Es scheint, als gäbe es keinen Filter, der diese Schwachstelle der Raumenergienutzung bereits im Keim korrigieren könnte.

Bei einem allzu linearen Aufbau des Systems wird es daher zu Leistungsschwankungen kommen. Um diese zu minimieren werden Querverbindungen bzw. Verbindungen zwischen den einzelnen Schaltkreisen eingebracht, die es ermöglichen, auf eine Vielzahl möglicher Ereignisse adäquat reagieren zu können, ohne dass es zu Leistungseinbußen kommt.

Das Ziel dieser Einrichtung ist es, auf möglichst viele Situationen vorbereitet zu sein und in der richtigen Weise reagieren zu können. Ich nehme an, dass das Antriebskonzept auch ohne diese Verkabelung auskommen würde, jedoch könnte es passieren, dass der Raumenergiefluss dann plötzlich zum Erliegen und die Anlage zum Stehen kommt.

Um die Querverbindungen anzubringen, werden die Nuten genutzt, die in Achterfiguren auf der Innenseite der Koni eingelassen wurden. Bisher wurden diese Nuten ignoriert. Nun werden sie gebraucht.

Die Kabel, die hier eingesetzt werden, sollten 2mm dick sein, zu mindestens 90% aus Kupfer bestehen und isoliert sein. Es handelt sich um ein geschlossenes Ringsystem, dessen Anfangs- und Endpunkt miteinander verlötet wird nachdem die Kabel angebracht wurden. Es ist somit vollkommen gleich, an welcher Stelle mit der Verkabelung begonnen wird. Wichtig ist hingegen, dass die Kabel immer dort, wo sie sich kreuzen, abisoliert und miteinander in Kontakt gebracht werden. Dies kann durch Löten oder einfaches Umwickeln mit Isolierband geschehen. Wichtig ist auch, dass die Kabel niemals unisoliert mit einem der siebzig Hauptkabel kommen dürfen, die zuvor abgebracht wurden.

Hier wird der zur Verfügung stehende Platz bei dem Maßstab des Funktionsmodells schon etwas knapp und es muss notfalls eine zusätzliche Isolierung zwischen den einzelnen Kabeln eingebracht werden.

Montage

Zur Montage sollte die Kabine in ausreichender Höhe stabil angebracht werden, so dass sie nicht zur Seite kippen kann.
Die Montage ist wichtige Voraussetzung für alle folgenden Schritte und sollte sehr sorgfältig geschehen. Vor der Montage sollte die freie Beweglichkeit der Antriebskoni noch einmal bei mehreren Geschwindigkeiten getestet werden. Ist sie nicht gegeben, muss die Verkabelung erneut überprüft werden. Evtl. stören die neu hinzugekommenen Kabel und müssen tiefer in ihre Nuten verlegt werden. Wahrscheinlich sind zusätzliche Fixationspunkte vonnöten.

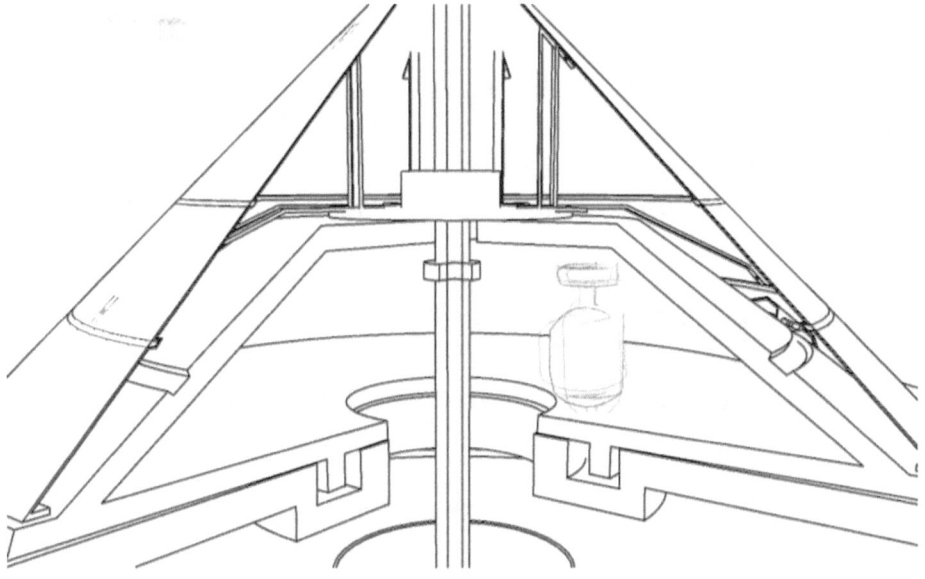

Zunächst wird das obere Karosserieteil mit der Kabine verbunden. An der Kabine wurde oben eine Nut eingelassen in die ein entsprechender Zapfen des Karosserieteils eingefügt wird. In diesem Bereich werden Kabine und Karosserieteil miteinander verbunden. Es ist darauf zu achten, dass man auch bei dem Funktionsmodell von der Kabine aus durch eine entsprechende Öffnung in das Karosserieteil gelangen und darin arbeiten kann. Hier wird später ein Elektromotor für den Start eingebaut. Die Verbindung zwischen Kabine und Karosserieteil erfolgt einfach mittels Schrauben. Es ist jedoch darauf zu achten, dass es sich um Kunststoffschrauben handelt. Da diese eine erheblich geringere Belastbarkeit aufweisen, als Stahlschrauben, müssen entsprechend viele Kunststoffschrauben von ausreichender Stärke verarbeitet werden.

Nun wird der obere Antriebskonus mit dem Karosserieteil verbunden. Man achte dabei auf die Lücke zwischen der unteren Lippe des Karosserieteils und der Unterkante des Antriebskonus. Hier werden nun, gleichmäßig verteilt, 70 Kohlebürsten angebracht, die einen Kontakt mit dem Karosserieteil und somit mit der Außenhaut der Kabine herstellen. Die Kohlebürsten sind dabei federlagernd, so dass sie evtl. Unebenheiten, die sich beim Aufbau der Bauteile ergeben haben, ausgleichen können. Sie werden in die Lippe des Karosserieteils eingesetzt und stoßen von unten her gegen den Rand des Antriebskonus.

Statt der Kohlebürsten ist es auch möglich, Schleifkontakte aus Reststücken der Hauptverkabelung selber zu fertigen. Dabei werden alle Drähte in Bewegungsrichtung des Konus leicht gebogen und so in die Lippe des Karosserieteils eingelassen, dass sie leicht gegen den Antriebskonus drücken.

Beide Methoden sollten getestet werden.

Bevor nun das untere Karosserieteil und der untere Antriebskonus angebracht werden kann, muss das Raumschiff entweder über eine entsprechend tiefe Grube verfrachtet oder aufgebockt werden. Im Idealfall werden hierzu bereits die später ohnehin notwendigen Landebeine vorgefertigt und an die Kabine montiert. Hierbei ist darauf zu achten, dass sich die Landebeine weit genug vom unteren Antriebskonus entfernt befinden um den Raumenergiefluss nicht zu beeinträchtigen. Aus dem gleichen Grund müssen sie entweder aus Elium gefertigt oder mit diesem verkleidet sein.

Statt der Landebeine ist es auch möglich, das Raumschiff auf einem Balkengerüst abzustützen.

Bevor die untere Antriebseinheit montiert wird, muss zunächst ein leistungsstarker Elektromotor verbaut und mit einer mittig verlaufenden Welle verbunden werden.

Zunächst die Welle:
Die Antriebswelle besteht aus einem stabilen Rundmaterial beliebigen Materials. Ihr Durchmesser ist so gewählt, dass sie durch die beiden kleinen Öffnungen der Koni passt. Praktischeweise wird der Innendurchmesser des Kugellagers, welches die Antriebskoni lagert und in der oberen Öffnung der Karosserieteile verbaut ist, im gleichen Maß gewählt, so dass die Welle mit wenig oder gar keinem Spiel durch diese Öffnungen geschoben werden kann.
Ist sie platziert, so wird sie mittels Schraubung mit den beiden Halteplatten verbunden, so dass sie sich gemeinsam mit den Antriebskoni drehen kann.

Hier ist auf eine saubere Justierung zu achten. Es ist wichtig, dass die Antriebswelle gerade verläuft und weder einen Bogen aufweist, noch beim Einbau im Raumschiff verkantet wird.

Dort wo diese Welle durch den oberen Maschinenraum reicht, wird eine Riemenscheibe angebracht deren Durchmesser experimentell ermittelt werden muss.

Ebenfalls im oberen Maschinenraum befindet sich ein stabiler, aus einer alten Waschmaschine ausgebauter Elektromotor, dessen Welle ebenfalls mit einer Riemenscheibe ausgestattet wird. Der Motor wird fest mit dem Boden des Maschinenraums verbunden und sollte gegen Vibrationen abgedämpft werden. Gleichzeitig muss der Motor derart angebracht werden, dass ein, zwischen Antriebswelle und Motor gelegener Antriebsriemen durch Nachjustierung des Motors gespannt bzw. entspannt werden kann.

Dieser Antriebsriemen ist bereits vor dem Einbau der Antriebswelle auf selbige zu ziehen, da dies später nicht mehr möglich ist.

Nach dem Einbau der Antriebswelle wird der Riemen mit dem Elektromotor verbunden und dieser so justiert, dass der Riemen leicht unter Spannung steht, so dass er beim Antrieb der Koni nicht durchrutschen kann.

Es ist hier zu beachten, dass sich ein solcher Motor nur im oberen Maschinenraum befindet. Im unteren Maschinenraum wird die Antriebswelle lediglich mit der Halteplatte des unteren Antriebskonus verbunden.

Die Antriebswelle kann, muss aber nicht an beiden Enden aus den Antriebskoni heraus schauen. Sie dient lediglich dem Zweck des vorläufigen Antriebs und soll beim späteren Betrieb von den Antriebskoni abkoppelbar sein, so dass sie sich nicht permanent während des Raumschiffbetriebs mitdreht.

Statt einer einzelnen durchgängigen Antriebswelle können auch zwei separate Antriebswellen verbaut werden, wobei die obere den oberen Antriebskonus dreht und die untere Welle den unteren Antriebskonus. Dann jedoch muss darauf geachtet werden, dass beide Koni absolut synchron laufen, da sich ansonsten das Phänomen der angezogenen Raumenergie nicht einstellt.

Um den Waschmaschinenmotor nach dem vollständigen Zusammenbau des Raumschiffs ansteuern zu können, ist eine

Fernbedienung vorgesehen, welche den Stromfluss ein- und ausschalten bzw. über ein Potentiometer in der Drehzahl steuern kann.

Hernach wird auch das untere Karosserieteil, sowie der untere Antriebskonus in der gleichen Weise montiert wie es bei den oben gelegenen Bauteilen der Fall war.

Betrieb:

Es ist das Raumschiff nun fast fertig gestellt. Es muss allerdings deutlich gemacht werden, dass hier nur ein Teil eines Raumschiffantriebs vorgestellt werden kann, da z.B. zu Steuerungselementen keine Informationen vorliegen. Verglichen mit einem Auto wäre dies die Bereitstellung zum Bau eines Ottomotors und den Einbau in die Karosserie unter Aussparung von Brems-, oder Lenksystem. Es besteht die Hoffnung, dass das vorgestellte Antriebskonzept so viel Interesse weckt, dass ernsthafte Forschung nach dem alten Wissen betrieben werden und das fehlende Wissen gefunden werden kann. Eine weitere Möglichkeit stellt die Einarbeitung in die Thematik dar, die ein Weiterdenken bis zu einem gewissen Grad zulässt wobei man möglicherweise auf Lösungen der bestehenden Probleme stößt.

Dennoch sollte das vorgestellte Konzept in der gebotenen Weise insofern funktionieren, als ein Vorhandensein von Magnetstrom bzw. Raumenergie gemessen bzw. beobachtet werden kann. Sollten Messinstrumente dazu nicht ausreichen, so wird eine indirekte Messung, u.a. über die Tatsache, dass die Drehbewegung ohne zusätzliche Stromzufuhr erhalten bleibt, möglich sein.

Die exakten Drehzahlen, die für einen Betrieb nötig sind, sind noch nicht bekannt und müssen empirisch ermittelt werden. Hierzu ist es ratsam, die Stützen bzw. Landefüße des Raumschiffes auf einer Waage zu platzieren und die Zunahme der Gravitationsanomalien durch Beobachtung einer Gewichtsabnahme zu messen.

Es ist davon auszugehen, dass die Gravitationsanomalien während des optimalen Betriebs stark genug sind, um für ein Abheben des Funktionsmodells zu sorgen. Zuvor werden mehrere Phänomene nacheinander zu beobachten sein, die in zahlreichen Quellen berichtet werden und die teilweise bereits in meinen Experimenten bestätigt wurden.

Ab einer gewissen Geschwindigkeit werden die 28 Permanentmagnete, die unter den Antriebskoni angebracht sind, in einen Gleichtakt treten. Die, anfangs chaotischen und zufälligen Bewegungen der Magnete in ihren Drehrahmen werden gleichförmig und aufeinander abgestimmt sein.

In der Folge werden Menschen, die ihre Hand in die Nähe der Antriebskoni, später auch des gesamten Raumschiffes bringen, ein Kribbeln, gefolgt von einem Taubheitsgefühl verspüren. Das Raumenergiefeld, das dies verursacht wird in allen Quellen als harmlos und auf keinen Fall tödlich beschrieben. Dennoch ist davon abzuraten, sich dem Feld zu nähern bzw. sich wieder zu entfernen nachdem das genannte Gefühl des Kribbelns und der Taubheit bestätigt wurden.

Das letzte Phänomen, das vor Erreichen des vollständigen Gravitationsfeldes beobachtet werden kann, ist ein Leuchten, das sich um das gesamte Schiff herum bildet und im Bereich der Antriebskoni deutlich stärker ist, als am restlichen Bereich des Raumschiffes. Es sieht aus wie Polarlicht oder ein ähnliches Plasma, strahlt jedoch keine Wärme ab und ist nicht elektrisch leitfähig. Woraus es besteht und was es tatsächlich darstellt, ist unbekannt.

Anhand dieses Lichts, das seine Farbe von anfänglich grün bishin zu violett ändert je weiter die Apparatur sich der Ausbildung einer Gravitationsblase nähert, lässt sich die Vollständigkeit der Leitfähigkeit jedes Schiffsbauteils feststellen. Jedes einzelne Bauteil, zumindest jedes größere, sollte unbedingt jene Eigenschaften aufweisen, die Magnetenergie bzw. Raumenergie leiten, wie sie im Baustoff Atiks gegeben sind. Ist dies nicht der Fall, kann es zu Löchern in der Gravitationsblase kommen und die Passagiere des Raumschiffs könnten im erdnahen Bereich der vollen Erdgravitation ausgesetzt sein während der Rest des Raumschiffs seiner eigenen Gravitation folgt. Die Folgen wären verheerend – die Passagiere würden zerquetscht oder, schlimmer noch, auseinander gerissen.

Es ist ratsam, die Geschwindigkeit für eine gewisse Zeit beizubehalten bzw. nicht mehr in der gleichen Geschwindigkeit zu steigern wenn das Leuchten begonnen hat. Die richtige Drehgeschwindigkeit ist oder ist fast erreicht. Eine weitere, drastische oder schnelle Erhöhung der Drehgeschwindigkeit könnte den gewünschten Effekt verfehlen.

Die weitere Zunahme der Kraft, die durch die Apparatur hervorgerufen wird, entsteht im ihrem Inneren, und zwar dadurch, dass die Raumenergie nun sozusagen »hochtransformiert« wird. Durch das Überspringen zahlreicher, in der Vorrichtung angebrachter Lücken, sogenannter »Sprungstellen«, erhöht sich die Kraft in der Maschine von alleine was sich unter anderem durch Farbwechsel zeigt. Am Ende erzeugt die Apparatur eine Gravitationsblase, die sich langsam aufbaut und durch das Messen des Raumschiffsgewichts kontinuierlich kontrolliert werden sollte.

Die Funktionsweise im Einzelnen könnte folgendermaßen erklärt werden:

Durch die Rotationsbewegung der Antriebskoni in Verbindung mit dem inneren Aufbau der Vorrichtung wird ein Zustand hergestellt, der eine Energieform anzieht, die überall im Universum vorhanden ist, sogenannte Raumenergie.
Raumenergie ist eigentlich nur der Begriff eines Teils bzw. einer bestimmten Ausprägung dieser Energie. Raumenergie oder

Magnetenergie ist immer und in jedem Winkel des Universums vorhanden und kann in ganz unterschiedlichen Formen vorliegen. Einige bekannte Formen sind z.B. Gravitation, Licht oder magnetische Anziehungskraft.

Mit den richtigen Vorrichtungen ist es möglich, die jeweils verfügbare Form der Raumenergie in eine andere, gerade brauchbare Form umzuwandeln und zu nutzen. Die Nutzung kann ganz vielfältiger Natur sein. So kann Raumenergie Arbeit verrichten, Wärme erzeugen oder entziehen, ein Gravitationsfeld erzeugen oder auch einfach nur – falls unbedingt gewünscht – normalen Strom erzeugen. Sie wird dabei nicht verbraucht, sondern nur wiederum von einem Zustand in einen anderen überführt und entlassen um später erneut genutzt zu werden. Es entstehen keine Abfälle und keine schädlichen Einflüsse auf die Umwelt, zumindest sind keine bekannt und es werden auch keine solchen in antiken Schriften erwähnt.

Die Anziehung erfolgt, indem der Raumenergie eine Polarität angeboten wird. Dies erfolgt durch die 28 frei beweglichen Permanentmagnete, die wie Relais funktionieren. Ist die Raumenergie angezogen, wird sie durch die Vorrichtung der 140 Hauptkabel mit ihren, insgesamt 53760 Schleifen in eine pulsierende, neutrale Energieform umgewandelt und durch das gesamte Raumschiff geleitet, d.h. wird die Raumenergie von einem Teil der oberen Antriebseinheit angezogen, wird sie dort umgewandelt und über die leitfähige Außenhaut des Raumschiffes zur unteren Antriebseinheit transportiert und umgekehrt.

Beim normalen Betrieb wird ständig überall Raumenergie angezogen, umgewandelt und weitergeleitet. Normalerweise ist diese Raumenergie überall gleich stark. Es kommt jedoch häufig vor, dass sie ungleichmäßig stark ist, da sie ungleichmäßig stark im Raum verteilt vorliegt. Hier würde die Vorrichtung nicht einwandfrei arbeiten und könnte sogar zum Stehen kommen.

Um das zu verhindern, wurden die Querverbindungen eingebaut. Sie stellen gewissermaßen »Kurzschlüsse« oder »Abkürzungen« dar, die es der Raumenergie in jedem Fall ermöglichen, sich gleichmäßig zu verteilen. Der Schiffskörper, der eher dazu ausgelegt ist, die Energie nach unten oder oben über die Kabinenwand abzuleiten, ist hierzu nicht ausreichend in der Lage.

Nach dem Eintreten der genannten Phänomene kann der Elektromotor entweder von der Antriebswelle abgekoppelt oder in den Leerlauf geschaltet werden. Waschmaschinenmotoren können nicht in den Leerlauf geschaltet werden und das Abkoppeln von der Antriebswelle ist in der vorliegenden Baubeschreibung nicht vorgesehen. Es ist somit davon auszugehen, dass der Motor beim nachfolgenden Betrieb Schaden nimmt und später ersetzt werden muss. Um das zu vermeiden, könnte ein höherwertiger Motor verbaut werden.

Die Drehbewegung sollte nun selbständig durch die Vorrichtung erhalten bleiben. Gravitationseffekte sollten deutlich zutage treten.

Es ist ratsam, das Raumschiff am Boden zu verankern, da nicht abzuschätzen ist, wie stark die Gravitationsanomalie sein wird.

Ein einfaches Abschalten des Antriebssystems ist in der vorliegenden Baubeschreibung nicht vorgesehen und wird in den Quellen nicht beschrieben. Der Logik folgend wäre es notwendig, ein wichtiges Bauteil der Apparatur aus seiner Balance zu bringen, um den gesamten Vorgang zu stoppen. So könnte man beispielsweise die Permanentmagnete in ihrer Bewegungsfreiheit einschränken oder die Drehbewegung der Antriebskoni so weit verlangsamen, dass der Prozess zum Erliegen kommt. Allerdings ist nicht bekannt, wie kraftvoll die Eigenrotation dieser

Koni bei Erreichen der vollen Kraft des Raumschiffes ist, so dass man davon ausgehen muss, dass ein erneutes Einschalten und Herunterregulieren des Elektromotors nicht ausreicht. Evtl. wird der Antriebsriemen durchrutschen oder reißen.

Es wird überdies dringend angeraten, das Raumschiff vor dem ersten Probelauf so am Boden zu verankern, dass sich die Kabine in der ersten Phase der Inbetriebnahme nicht mitdrehen kann. Dabei sollte die Kabine mittels Hilfsstützen oder vorgefertigten Landebeinen fest auf dem Boden fixiert werden, so dass sich die Antriebskoni frei drehen können, die Kabine selbst jedoch an ihrem Platz bleibt. Diese Fixierung der Kabine gegen das Drehmoment ist jedoch nur während der Startphase wichtig und sollte hinterher gelöst werden, um feststellen zu können, ob die Gravitationsblase sie selbständig in ihrer Position hält.

Auch sollte während des ersten Startvorgangs auch dringend auf Vibrationen geachtet werden. Es ist zu bedenken, dass starke Vibrationen im Bereich der Permanentmagnete diese von ihrer ordnungsgemäßen Arbeit abhalten könnten und somit unterbunden werden müssen. Die Ursachen für solche Vibrationen sind fast immer Baufehler oder Fehler im Material. Insbesondere wenn runde und rundlaufende Bauteile eine Unwucht aufweisen, ist mit starken Vibrationen zu rechnen. Auch das Abdämpfen von Bauteilen durch Gummipolster kann Abhilfe schaffen, jedoch muss darauf geachtet werden, dass der Kontakt zwischen zwei leitenden Bauteilen dadurch nicht unterbrochen wird.

Es muss noch einmal darauf hingewiesen werden, dass fast das gesamte Raumschiff eine leitende Einheit darstellt. Darin unterscheidet sich die Technik der ersten Menschheit deutlich von unserer Energietechnologie. Da uns Strom gefährlich werden kann, leiten wir ihn ausschließlich durch gut isolierte und zumeist unsichtbare Kabel. Bei der Energietechnologie der ersten Menschheit diente das gesamte Bauteil, abgesehen von bewusst ausgeschlossenen Bereichen, als Energieleiter. Somit stellt das gesamte Raumschiff im Prinzip ein großes Kabel dar.

Wenn nun ein Spalt zwischen zwei Bauteilen eingebaut wird, der so groß ist, dass er von der Raumenergie nicht übersprungen werden kann, so käme das, auf die Elektrotechnik übertragen, dem Durchtrennen eines Kabels gleich.

Allerdings kann und wird die Herstellung eines Spalts, der von der Raumenergie übersprungen werden kann, zu einem Energie- und Krafzuwachs führen

Von wem stammt diese Technologie?

Durch meine jahrelangen Studien bin ich in mehreren Punkten zu einem Schluss gelangt, der sich auch durch reifliche Überlegungen und Diskussionen mit Menschen, die andere Standpunkte vertreten, nicht auslöschen ließ.

Dazu gehört, dass wir Menschen, die wir uns als erste hoch entwickelte Zivilisation auf der Erde betrachten, die evolutionär aus dem Affen hervorgegangen ist, keineswegs die erste Hochzivilisation dieses Planeten, ja nicht einmal die erste Menschheit des Planeten sind. Mindestens eine, wahrscheinlich aber zwei hoch entwickelte Zivilisationen existierten bereits vor uns, erreichten einen sehr hohen technologischen Stand und verschwanden dann nahezu vollständig vom Antlitz der Erde. Ich nehme an, aber das ist nur eine Vermutung, dass große Katastrophen für den Niedergang verantwortlich sind.

Nur einige wenige dieser alten Völker überlebten den Supergau. Diese Wesen, die in uralten Schriften, wie dem Atram-Hasis oder dem Gilgamesch-Epos von heutigen Wissenschaftlern als Götter übersetzt werden, waren die Nachkommen der Überlebenden uralter Zivilisationen, die einen Teil ihres Wissens bewahrt hatten und es für sich einsetzten. Sie waren es, die den modernen Menschen, uns also, züchteten, ihn also gewissermaßen erschufen (wenn man dieses Wort denn unbedingt gebrauchen will) und sie waren es, die ihn lehrten, Ackerbau und Viehzucht zu betreiben.

Sie waren dem modernen Menschen, der zu jener Zeit noch mit Keulen bewaffnet war , technologisch so weit überlegen, dass sie ihn problemlos kontrollieren konnten, obwohl es bald viel mehr der neuen Menschheit als von der alten Menschheit gab. Diese war auf eine so kleine Personenzahl zusammengeschrumpft, dass jeder Fortpflanzungsversuch am mangelnden

Genpool scheiterte. Die antiken Epen beschreiben eindrucksvoll wie die »Götter« Monster gebaren, die grausame Taten begingen.

Später vermischten sich diese Wesen mit den Menschen, die sie geschaffen hatten. Als die, so geschaffene, intelligente Menschheit begann, sich über die Erde auszubreiten, da versuchten ihre Schöpfer, dieses Ansinnen zu unterbinden. Ihre Bemühungen schlugen jedoch fehl. Später zogen sie sich aus der Öffentlichkeit zurück; vielleicht starben sie aus. Heute existieren nur mehr die verklärten religiösen Bilder, insbesondere eines dieser Wesen.

Immer wieder hatten die Schöpfer der Menschen, diese in die Funktionsweise ihrer Technologie eingeweiht weil sie auf deren Hilfe angewiesen war. Die ganz frühen Exemplare unserer Gattung hatte nicht viel davon verstanden, doch spätere Generationen entwickelten ein tieferes Verständnis und zwar nicht nur für die Technologie ansich, sondern auch für ihre Wichtigkeit. So kam es, dass Aufzeichnungen gemacht und an geheimen Orten versteckt wurden. Diese Aufzeichnungen lieferten die Grundlage für meine Forschung.

Die Technologie der ersten Menschheit unterscheidet sich grundlegend und in fast allen Belangen von unserer Technologie. Während unsere Technologie darauf aufgebaut wurde, sie monopolisieren, vermarkten und zu machtpolitischen Zwecken gebrauchen zu können, diente die Technologie der ersten Menschheit allein praktischen Zwecken.

Es scheint, als habe die Wissenschaft der ersten Menschheit von Beginn an einen gänzlich anderen Pfad eingeschlagen.

Fehlersuche

Es ist nicht zu erwarten, dass die Antriebseinheit auf Anhieb in der gebotenen Weise funktioniert. Wenn es zu Fehlfunktionen kommt, kann das zahlreiche Ursachen haben, deren Beseitigung möglicherweise mehr Zeit in Anspruch nehmen können, als die gesamte Bauphase.

Die hier gegebenen Hinweise und Ratschläge stützten sich auf dem Verständnis für die Technologie und logischen Überlegungen, die darauf basieren. Es handelt sich nicht immer um Erfahrungswerte.

Konus dreht sich nicht oder verhakt sich immer.

Zuerst sollten alle Magnethalterungen entfernt werden um sicherzustellen, dass die Probleme nicht durch die Magnete verursacht werden. Dreht sich der Konus noch nimmer nicht, liegt die Verkabelung nicht tief genug in den Nuten eingebettet oder, was ein erheblich größeres Problem darstellt, der Konus wurde zu tief auf dem Karosserieteil platziert, wodurch der Raum zwischen Karosserieteil und Konus zu klein wird. Im letzteren Fall sollten die Befestigungselemente durch längere ersetzt werden, so dass der Konus geringfügig höher platziert werden kann. Dabei muss jedoch darauf geachtet werden, dass der Abstand zwischen der unteren Lippe des Konus und dem Rand des Karosserieteils nicht zu groß wird. Sollte sich der Konus, trotz mehrfacher Versuche, nicht entsprechend platzieren lassen, könnte es sein, dass der exakte Winkel von 90 Grad bei einem oder beiden Bauteilen nicht eingehalten wurde. Es muss darauf hingewiesen werden, dass die exakte Einhaltung dieser Maße kritisch ist, Bei abweichenden Maßen entsteht ein ungleichmäßig breiter Spalt zwischen Karosserieteil und Konus, was in jedem Fall den Betrieb stören wird, selbst dann, wenn es gelingen sollte, den Konus dennoch drehbar zu fixieren.

Sofern das Verhalten mit der Demontage der Magnetsätze verschwindet, müssen die Halterungen der Magnete überarbeitet werden. Ein häufiges Problem ist eine zu große Bewegungsfreiheit der Magnete wodurch sie sich ggf. in der Verkabelung verhaken können. Insofern muss der Spielraum hier entsprechend eingeschränkt werden. Ein anderer Grund könnte sein, dass die Magnete nicht im richtigen Abstand zum Konus platziert wurden. Da kein Einheitswert hierfür gegeben werden kann, muss dieser Wert im Versuch herausgefunden und die Magnethalterungen entsprechend angepasst werden.

Auch sollte daran gedacht werden, dass der Konus möglicherweise unrund läuft, entweder weil er nicht richtig ausgewuchtet wurde oder weil er nicht präzise rund gefertigt wurde.

Konus dreht, stoppt aber ab einer gewissen Geschwindigkeit

Dieses Problem hängt grundsätzlich mit einer fehlerhaften Positionierung der Magnete zusammen. Treffen diese in einem zu steilen Winkel auf die Innenseite des Konus, so verhaken sie sich in den Nuten oder der Verkabelung. Das Problem tritt auf, wenn die Magnete zu weit vom Konus entfernt angebracht wurden oder wenn ihre Bewegungsfreiheit zu groß ist. Häufig muss hier die Halterung der Magnete überarbeitet oder ausgetauscht werden. In seltenen Fällen tritt das Problem auch auf wenn die Magnete allzu dicht am Konus platziert werden. Auch hier ist daran zu denken, die Halterungen der Magnete auszutauschen.

Konus dreht sich bei allen Geschwindigkeiten, doch das »Klackern« der Magnete stellt sich nicht ein oder wird nicht gleichförmig mit zunehmender Geschwindigkeit

Hier sind die Abstände zwischen den Magneten und der Innenseite des Konus höchstwahrscheinlich zu groß gewählt. Möglicherweise fehlt nur ein halber Millimeter oder gar noch weniger. Dieser Abstand ist einer der kritischsten Elemente der gesamten Antriebseinheit und muss möglicherweise mehrfach nachjustiert werden.

Konus dreht einwandfrei, das »Klackern« der Magnete ist hörbar, doch es wird nicht gleichförmig und/oder es stellen sich keine weiteren Phänomene (Lichterscheinungen, Gravitationseffekte) ein.

Dieses Problem wird auftreten wenn Fehler in der Verkabelung existieren. In diesem Fall sind beide Koni zu demontieren und die Verkabelung einer kritischen Prüfung zu unterziehen. Stimmt die Anzahl der Schleifen? Haben die Verbindungskabel evtl. Kontakt mit den Hauptkabeln oder fehlt eine Verbindung an den Kreuzungspunkten der Verbindungskabel? Schaffen die Schleifkontakte zwischen den Koni und den Karosserieteilen wirklich einen Kontakt zwischen den Bauteilen? Dieser könnte unterbrochen sein wenn beispielsweise die Oberfläche der Kante der Karosserieteile eine unebene Oberflächenstruktur aufweist. Hier sollte zunächst diese Oberfläche nachgeglättet werden.

Es ist darauf zu achten, dass beide Antriebskoni und die dazugehörigen Karosserieteile eine Antriebseinheit darstellen und die gesamte Vorrichtung auch dann nicht funktioniert wenn das Problem lediglich einseitig (oben oder unten) auftritt. Ein Konus alleine erreicht mangels Schleifenzahl die benötigte Impulszahl nicht und wird die beschriebenen Phänomene nicht hervorrufen.
Somit kann nicht jeweils ein Konus separat untersucht und für sich beurteilt werden.

Alle scheint zu funktionieren, doch das Raumschiff hebt nicht ab.

Das ist durchaus möglich, obwohl ich mir sehr sicher bin, dass dieser Fall nicht eintritt. Auch wenn der Antrieb funktioniert, so könnte sein Effekt zu schwach ausfallen um das Gewicht des Raumschiffs vollständig aufzuheben, so dass es zu schweben beginnt.

Hier müssten Neuberechnungen angestellt werden, wobei es nicht darum ginge, die Antriebseinheiten in Relation zum Gewicht des Schiffes zu vergrößern. Vielmehr müssten dem Antrieb weitere Komponenten hinzugefügt werden, die eine Zunahme der Raumenergie bedingten. Tatsächlich ist die alleinige Größe der Antriebseinheit nicht ausschlaggebend für die Leistung, die sie erzeugt. Dass die beiden Antriebskoni hier zufällig scheinbar genau auf und unter die Kabine passen, bedeutet nicht, dass sie in Relation zu dieser stehen würden. Tatsächlich könnte man ein sehr viel größeres Raumschiff mit diesen Einheiten betreiben wenn es gelingt, ihre Kraft zu optimieren.

Die Antriebseinheit stellt vielmehr der kleinste Maßstab dessen dar, was ohne allzu viel Feinarbeit gefertigt werden kann und schuldet ihre Größe allein dieser Tatsache. Die Kabinengröße unterliegt dabei lediglich den Anforderungen an ein Funktionsmodell.

Es sollten Waagen unter die Landefüße des Raumschiffs platziert werden, um den Effekt der Gravitationsblase auch dann noch messen zu können wenn er wider Erwarten sehr schwach ausfällt.

Grundsätzlich ist das Experiment als erfolgreich zu bewerten wenn eine Gewichtsverlust des Raumschiffs während seines Betriebs angemessen werden kann.

Abschließende Bemerkungen

Die hier vorgestellte Technologie wird auf den schulwissenschaftlich gebildeten Menschen zweifellos vollkommen verrückt wirken und es mögen sicherlich Zweifel herrschen hinsichtlich ihrer Funktionsweise.
Es kann diesen Menschen nur geraten werden, die Probe aufs Exempel zu machen und das Raumschiff in der vorgestellten Art und Weise und so exakt wie möglich nach zu bauen. Eine theoretische Auseinandersetzung mit dieser Thematik ist für wissenschaftlich vorgebildete Menschen sicherlich nicht möglich, da die vorgestellte Technologie einen Teil der schulwissenschaftlich/physikalischen Grundlagen erklärt, welche aus Sicht schulwissenschaftlich vorgebildeter Menschen nur aus der Schulwissenschaft selber und dort auch nur aus bestimmten Kreisen erfolgen darf. Somit werden die Behauptungen, die dieser Technologie zugrunde liegen, nämlich das Vorkommen einer Raumenergie in zahlreichen unterschiedlichen Ausprägungen, welche u.a. auch das Phänomen der Gravitationsentstehung klärt, per se zurückgewiesen.

Eine Annäherung an die Thematik ist daher nur über die Praxis möglich. Nach einer Ableitung des ehernen Gesetzes der Heilkunde (wer heilt hat recht) könnte man hier sagen: Wer fliegt hat recht, und sich zunächst nicht um vermeintlich theoretische Unmöglichkeiten scheren.

Ich glaube im übrigen nicht, dass ich der erste oder gar einzige Mensch unseres Jahrhunderts bin, der die vorgestellte Technologie der ersten Menschheit wieder entdeckt hat und zu nutzen versucht. Zahlreiche unerklärliche Sichtungen, sogenannte UFOs, lassen aufgrund ihrer Formgebung, ihrer Flugeigenschaften und weiterer Phänomene, wie etwa Lichterscheinungen und fast völlige Geräuschlosigkeit auf eine Anwendung dieser Technologie von anderer, mir völlig unbekannter Seite, schließen. Natürlich will ich damit keineswegs behaupten, dass alle UFO-Sichtungen auf diese Technologie zurückzuführen wären oder gar echte, unerklärliche Flugobjekte darstellten. Sicherlich handelt es sich in einigen Fällen, wenn nicht um Schummelei, um banale Ursachen oder um fortschrittliche Rückstoßtriebwerke, wie etwa Plasmatriebwerke.

Nach meinen Recherchen wurde insbesondere kurz vor und während des zweiten Weltkrieges an derartigen Plasmatriebwerken gearbeitet. Diese wurden möglicherweise weiter entwickelt und stellen heute die Erklärung für einen Teil der UFO-Sichtungen dar, insbesondere jener dreieckigen oder glockenförmigen Flugkörper.

Was mich sicherlich von den anderen Menschen oder Gruppierungen unterscheidet ist die Tatsache, dass ich diese Technologie öffentlich und für jedermann zugänglich machen werde. Ich sehe es einfach nicht ein, warum wir unsere Welt zerstören und unglaubliche Summen für eine Energieversorgung zahlen, die wir gar nicht brauchen, weil es eine Energieform gibt, die uns so umgibt wie die Luft, ja, die uns auch dort umgibt wo keine Luft vorhanden ist. Wir könnten zu den Sternen fliegen und jedermann könnte daran teilhaben. Es wäre kein Privileg von Staaten und einer kleinen Elite mehr.
Unsere Autos könnten wir einstampfen und uns in Transportmitteln fortbewegen, die uns in minutenschnelle rund um den Globus transportieren könnten und wir wären dabei in ihrem Inneren sicherer ausgehoben als in jedem anderen Transportmittel, das die Menschheit je entwickelt hat. In einer bordeigenen Gravitationsblase eingebettet könnten wir selbst die härtesten Zusammenstöße unbeschadet überstehen, da Masse und Be-

schleunigung, die Todfeinde unserer Transportmittel hier keine Rolle mehr spielen würden.

Das vorliegende Funktionsmodell stellt lediglich ein Beispiel für die Anwendung der Technologie der ersten Menschheit dar und soll weder ein Optimum der Nutzung noch ein beispielhaftes Abbild der Technologie darstellen.
Mit konsequenter Forschung und Weiterentwicklung dieser Technologie sollte es möglich sein, unsere Technologie, beginnend beim Automobil und endend noch lange nicht bei Kraftanlagen, durch die vorgestellte Technologie zu ersetzen und ein etwaiges Energiemonopol inklusive der damit verbundenen Machtmonopole zu durchbrechen.

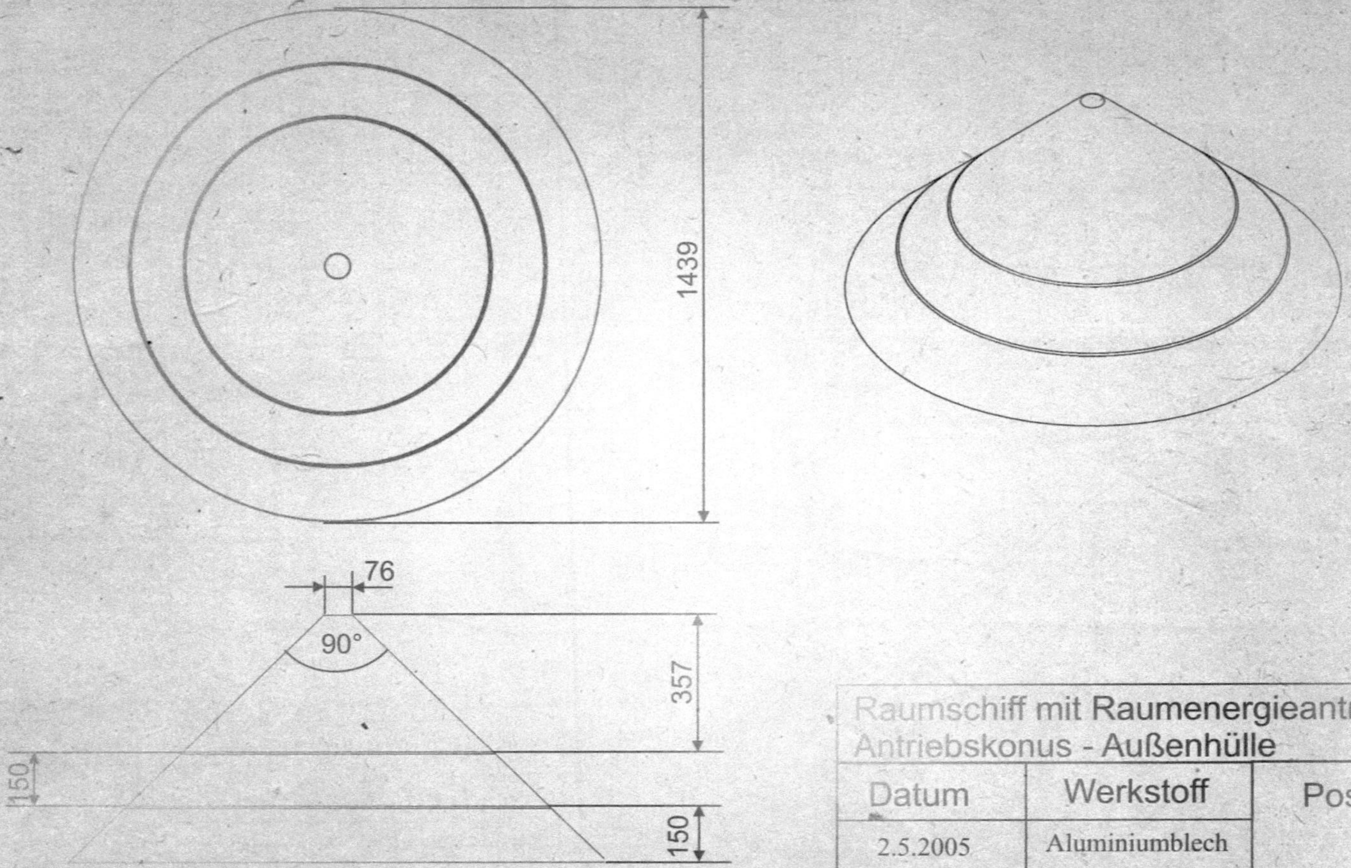

Raumschiff mit Raumenergieantrieb
Antriebskonus - Außenhülle

Datum	Werkstoff	Pos.
2.5.2005	Aluminiumblech	
Maßstab	Name	Seite 1/3
	Robert Schreiber	

Dimensions: 1439, 357, 150, 76, 90°, 150

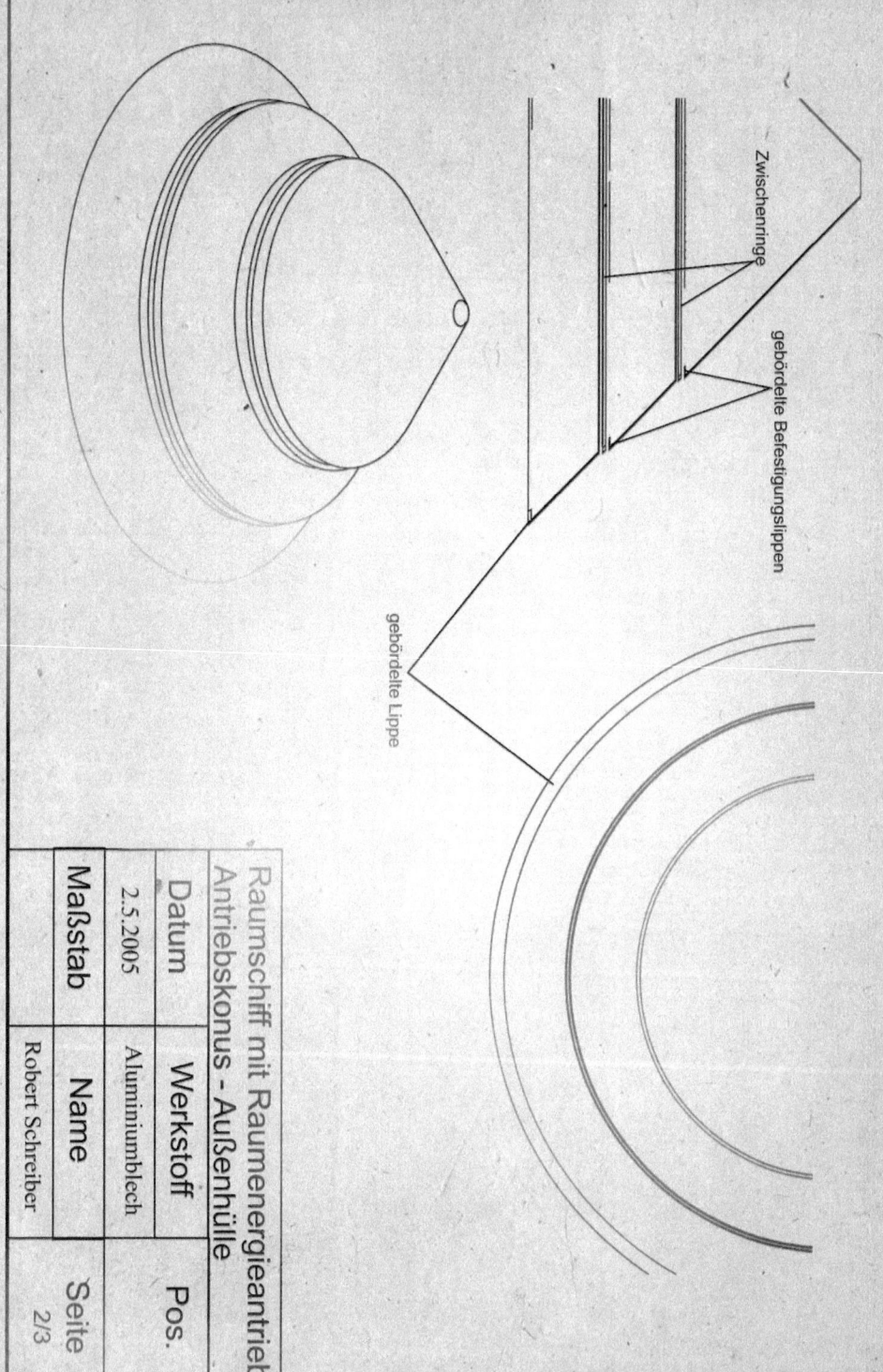

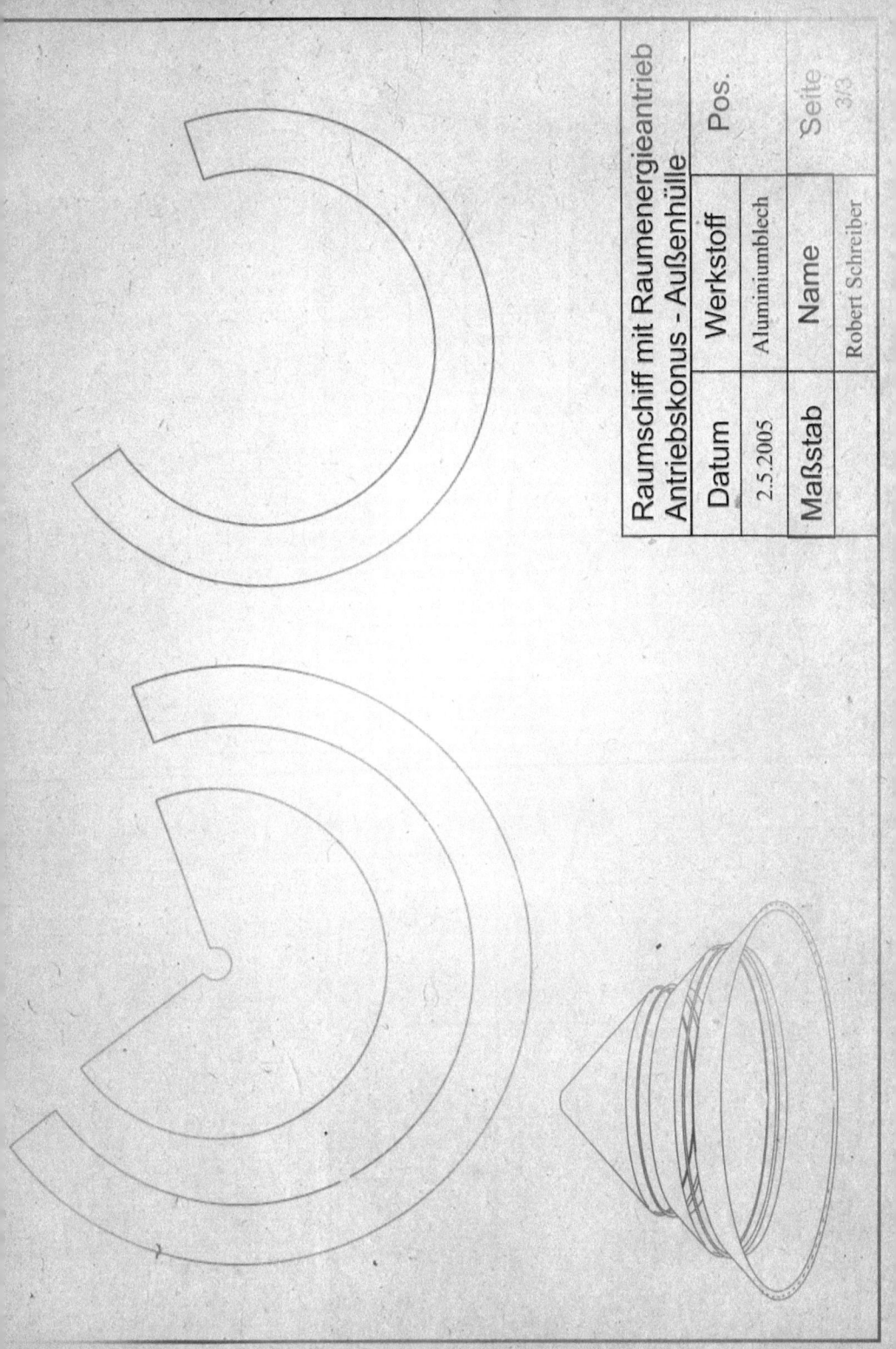

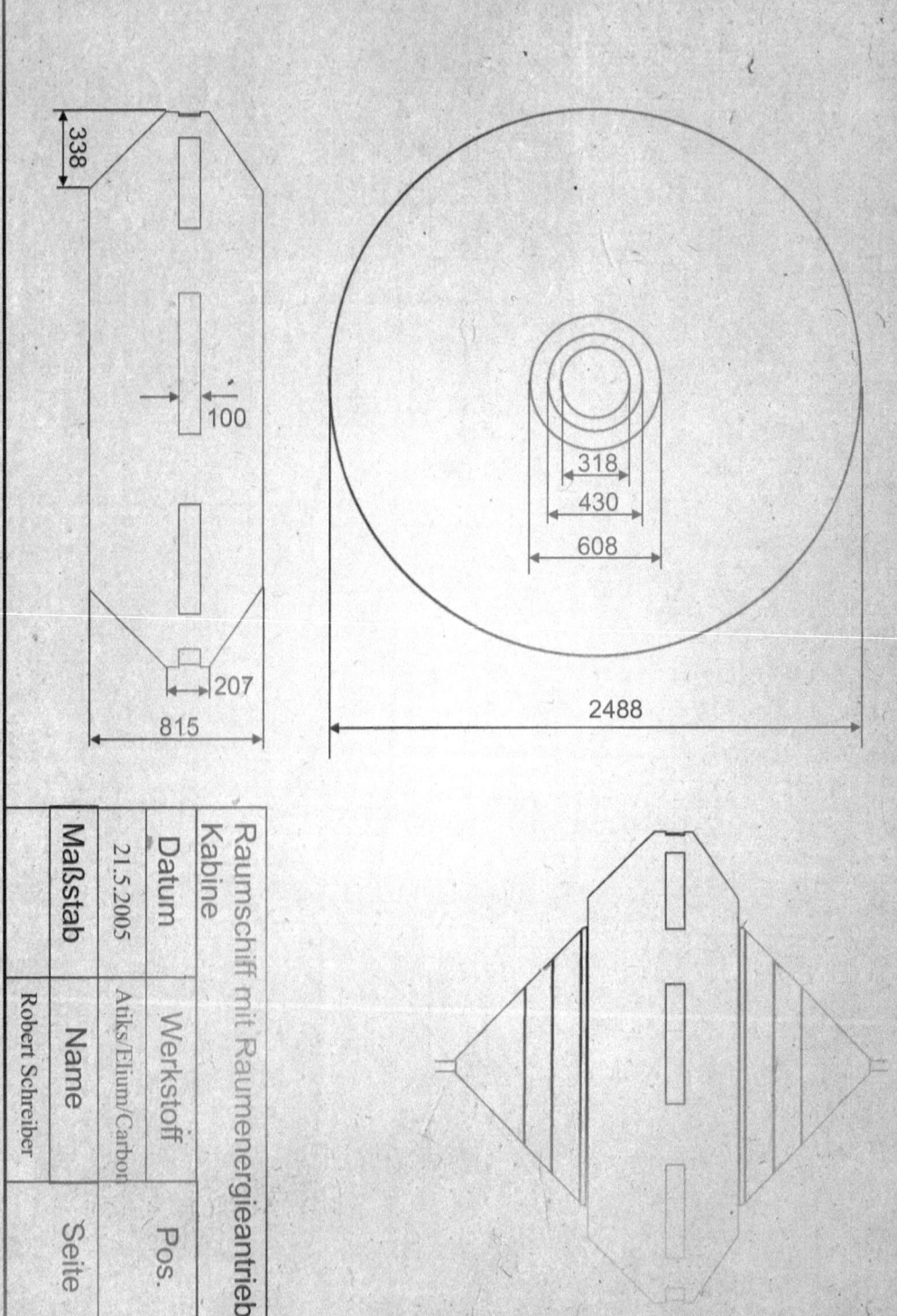

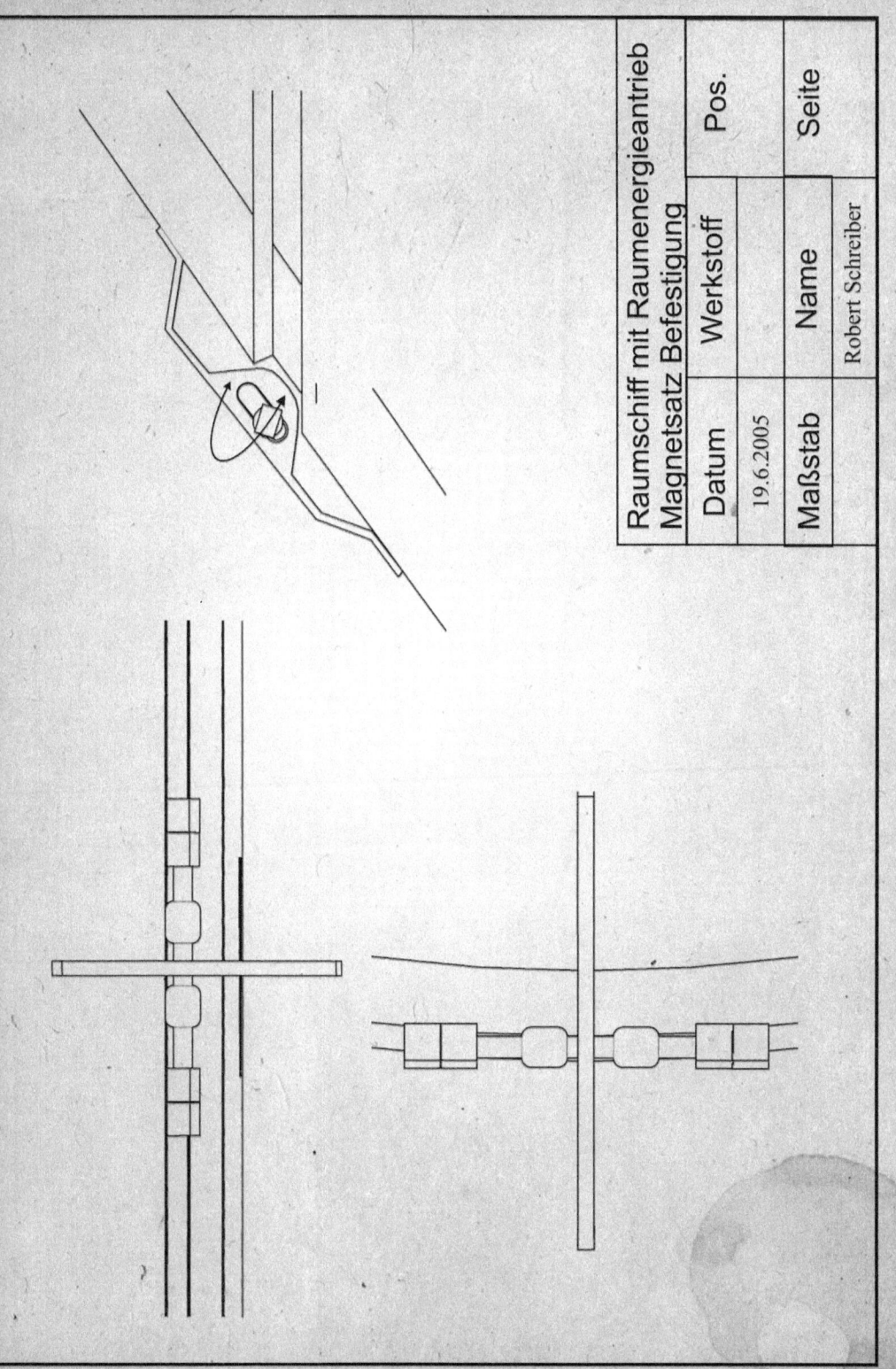

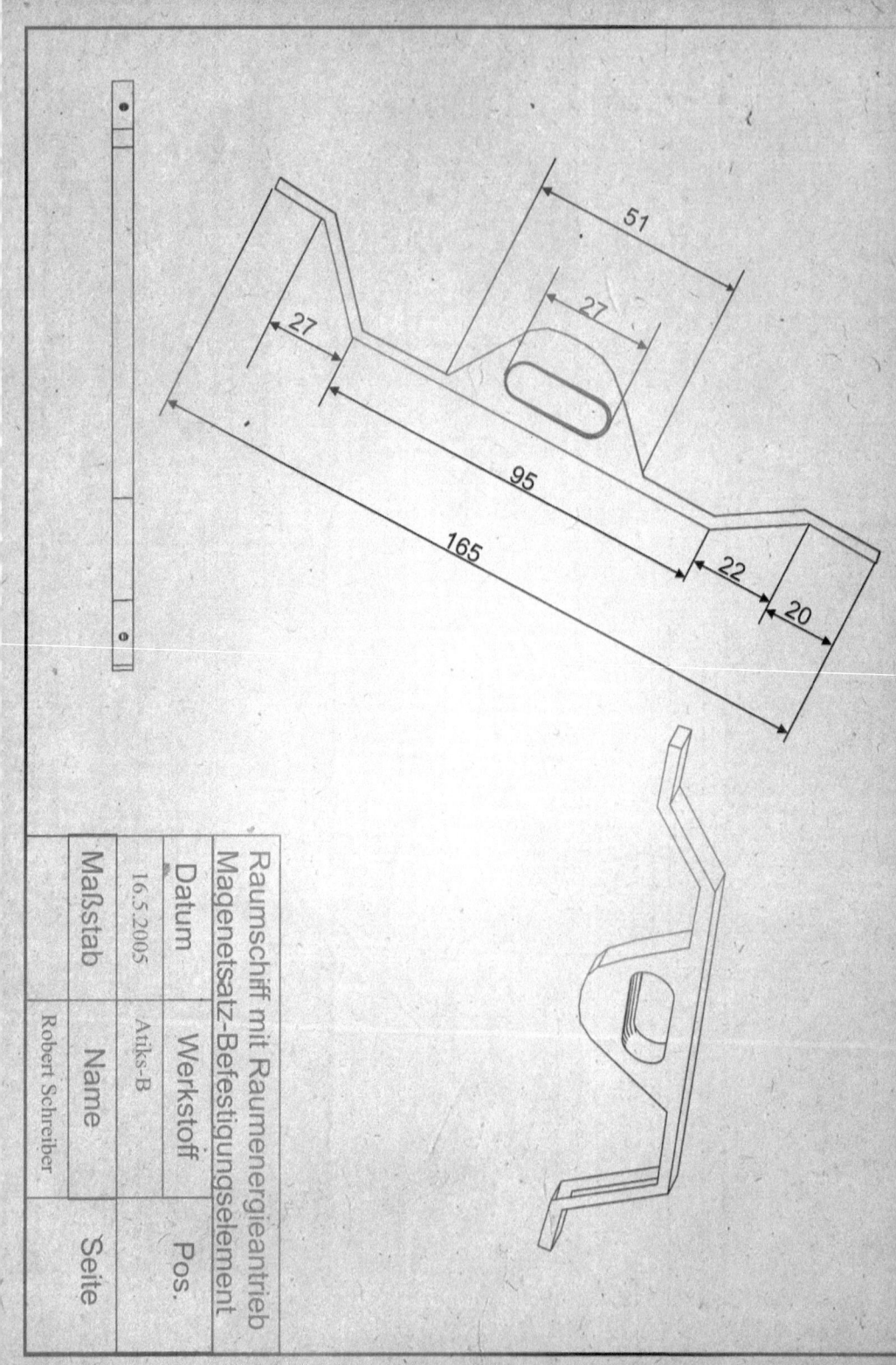

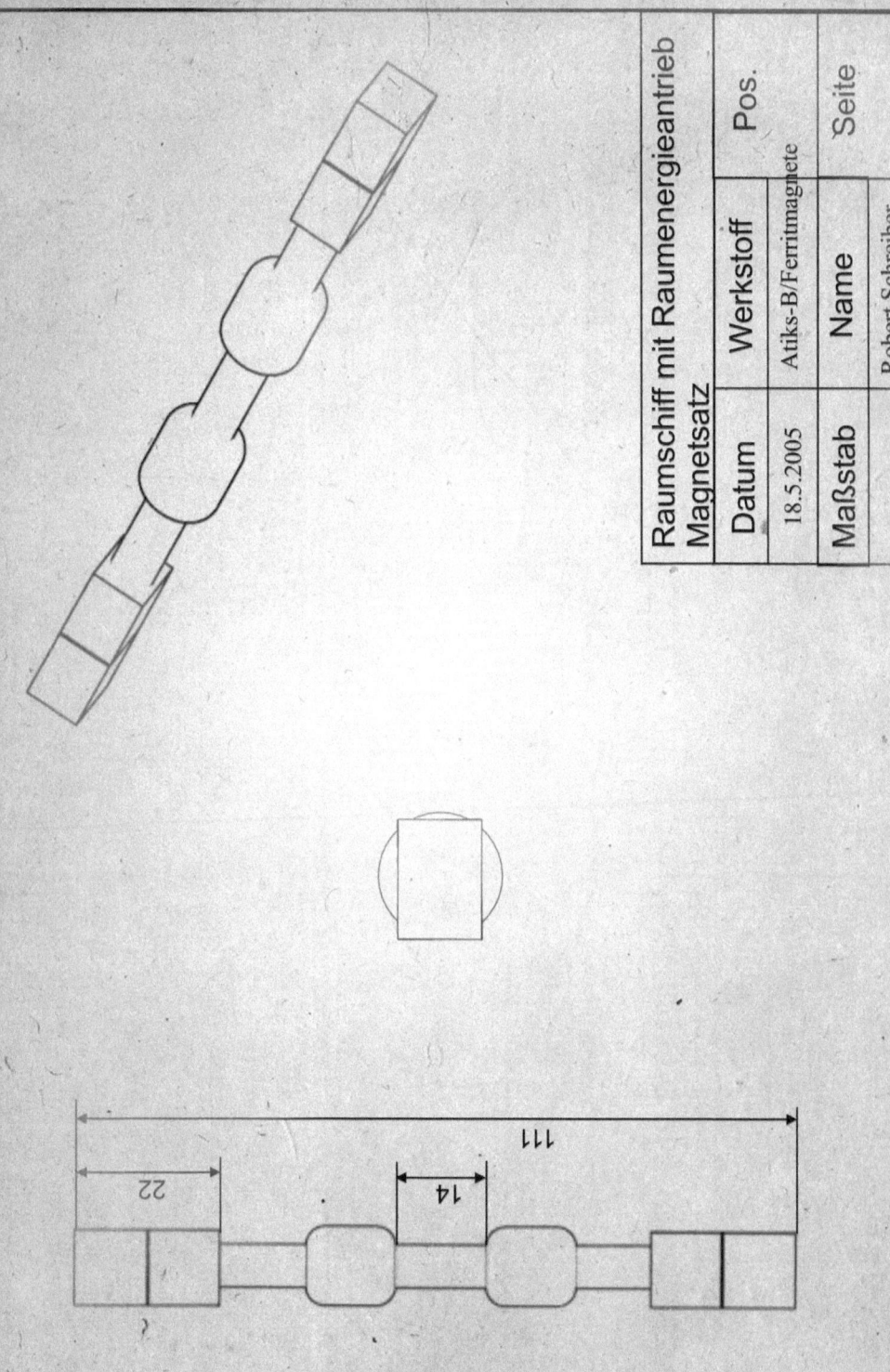

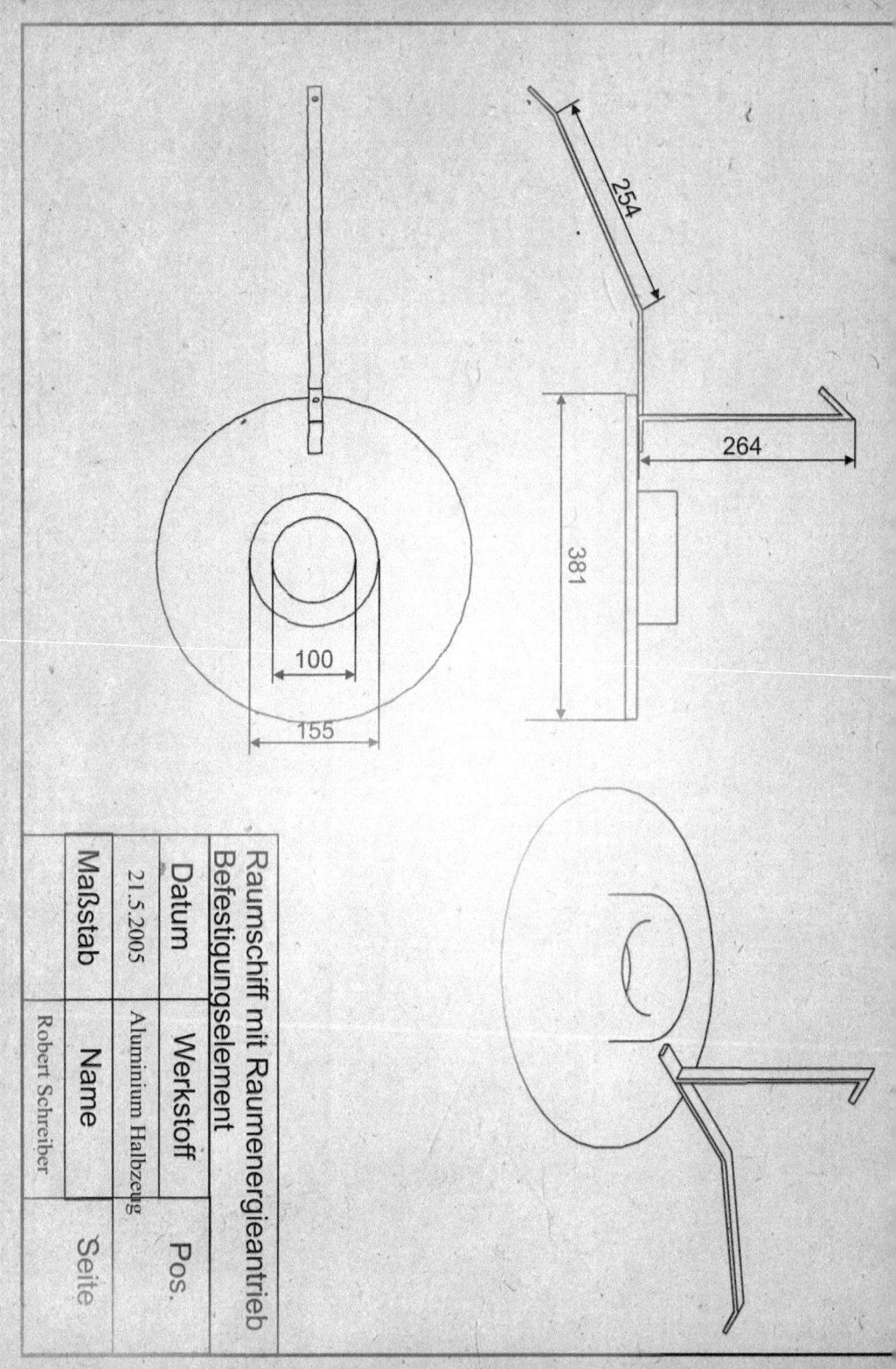

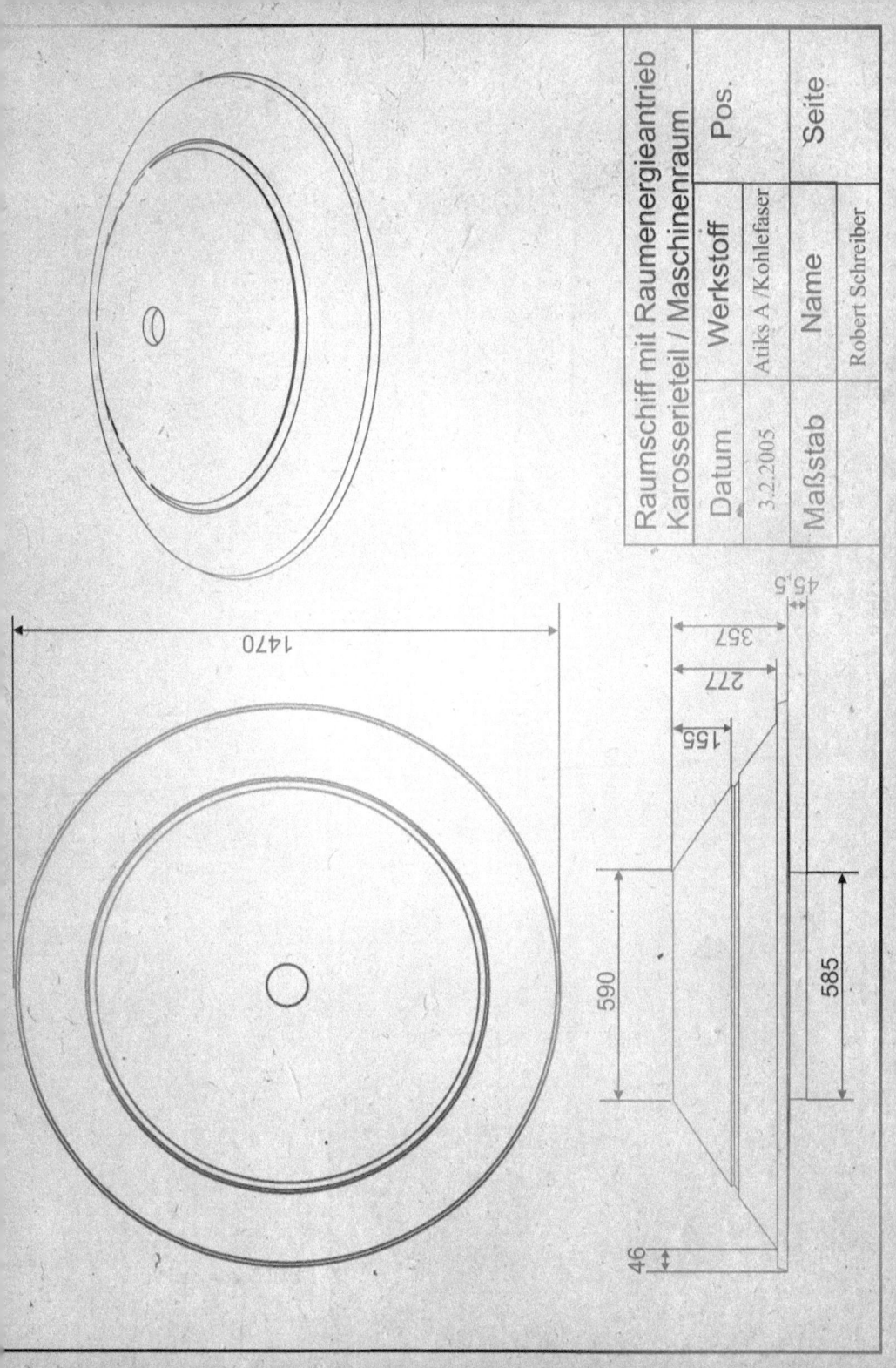

www.ingramcontent.com/pod-product-compliance
Lightning Source LLC
Chambersburg PA
CBHW020423220526
45464CB00002B/537